하루 30분 운동으로
뇌신경 질환 회복하기

하루 30분 운동으로 뇌신경 질환 회복하기
- 뇌 시냅스를 자극하라

2024년 6월 20일 처음 펴냄

지은이   윤봉근
엮은이   해처럼달처럼사회복지회
펴낸이   김영호
펴낸곳   도서출판 동연
등 록   제1-1383호(1992. 6. 12.)
주 소   서울시 마포구 월드컵로 163-3
전화/팩스   02-335-2630 / 02-335-2640
이메일   yh4321@gmail.com
인스타그램   /dongyeon_press

Copyright ⓒ 윤봉근, 2024

이 책은 저작권법에 따라 보호받는 저작물이므로, 무단 전재와 복제를 금합니다.
잘못된 책은 바꾸어 드립니다. 책값은 뒤표지에 있습니다.

ISBN 978-89-6447-008-4 13590

뇌 시냅스를 자극하라

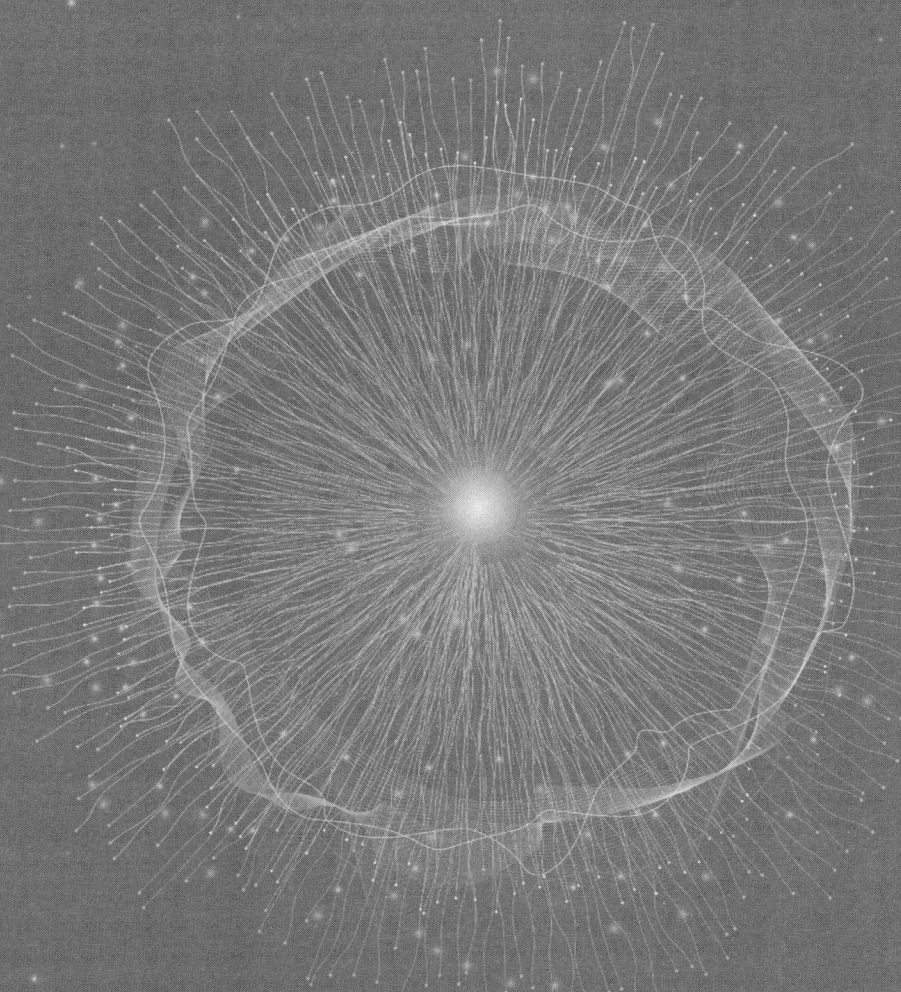

하루 30분 운동으로
뇌신경 질환 회복하기

윤봉근 지음
해처럼달처럼사회복지회 엮음

동연

추 천 의 글

　　윤봉근 회장의 『하루 30분 운동으로 뇌신경 질환 회복하기』라는 책을 받았습니다. 『해처럼 달처럼』, 『장애정보 가이드』, 『장애예방 및 재활정보 가이드』, 『서고, 걸으면 된다』에 이어서 다섯 번째 책을 내신 것에 그의 간절한 마음이 느껴집니다.

　　책을 쓴다는 것은 글을 많이 읽고 이론적인 공부를 하고, 연구를 한 뒤에 그 분야의 전문가가 되어야 할 수 있는 일입니다. 하지만 그와 다르게 윤봉근 회장은 중도 장애인이 되어 재활을 하고, 자신의 경험을 통해서 책을 썼습니다. 단지 경험을 정리하는 수준이 아니라 장애인들에게 필요한 실질적인 정보를 담아서 책을 저술하였습니다.

　　1990년대 중반 그의 책은 전국의 장애인복지관 등 장애인 관련 기관에 배포되어 전국의 장애인들에게 많은 도움을 주었습니다. 장애를 얻은 뒤에 갖게 되는 혼란과 고통, 좌절과 고난 그리고 그 막막함…. 누구에게 도움을 청해야 하는지, 장애를 갖고 어떻게 살아가야 할지 막막하여 절망할 때 윤봉근 회장의 책은 다른 장애인들에게 빛이 되었습니다.

　간간이 윤 회장님의 소식을 듣습니다. 무연고자의 장례를 돕고, 장애인들을 돕고, 이웃을 돕고, 자신의 몸이 망가지고 힘들고 괴로운 것은 아랑곳하지 않고 다른 이들은 돕기 꺼려하고 힘들어하는 약자들을 향해 나아갑니다. 돈으로 돕는 것도 아니고 기관의 힘으로 돕는 것도 아닙니다. 그의 약자에 대한 사랑과 정성, 그 열정이 타인을 돕는 힘이 되고 변화를 만듭니다. 얼핏 미련해 보이기도 합니다. 자신의 잇속을 챙기는 것 없이 누구에게도 주눅 들지 않고 약자를 위해 헌신합니다. 그 결과가 이 책 『하루 30분 운동으로 뇌신경 질환 회복하기』라는 책이 되었습니다. 10여 년 전 카이스트 생명공학부의 김은준 석좌교수가 발표한 '뇌는 시냅스를 통해 다시 학습하면 회복된다'는 내용의 논문을 임상으로 증명한 최초의 책입니다.

　'발목 밀기'와 '발목 뻗기'라는 말은 의학적인 용어가 아닙니다. 그의 정성으로 재활 과정에서 장애인에게 도움을 주었던 것이 효과가 있었고, 수십 년간의 임상을 통해 누구나 따라 할 수 있는 회복 메커니즘을 새로 만든 것입니다. 이제는 실제 논문으로 뒷받침되었습니다. 자신의 경험적 치료 방법이지만 실제 여러 장애뿐 아니라 각종 질병에도 회복에 도움이 된다는 임상 결과가 나왔습니다.

　시냅스라는 말은 신경세포와 신경세포가 통신하는 접합부라고 합니다. 마비가 되어 걷지 못하고 손을 쓰지 못하는 등의 문제가 신경과 연관되어 있기에 시냅스를 제대로 자극하니 각종 질병과 장애인들의 재활 회복에 큰 도움이 되었습니다. 발목 밀기와 발목 뻗기가 시냅스를 자극하는 것이라는 과학적 근거를 알게 되고, 그 치료 방법이 이론적 근거를 확보할 수 있었습니다.

이 책은 그런 윤 회장의 도전이 담긴 책입니다. 의학이나 치료 분야의 자격증이 없이 실제 수십 년간의 현장 경험을 통해서 얻은 치료법을 책에 담았습니다. 한 명 한 명 발목 밀기와 발목 뻗기, 발 들어올리기 동작을 통해 이루었던 기적 같은 일을 책을 통해서 좀 더 널리 확산하고자 합니다.

저는 재활 분야의 의료 전문가가 아닙니다. 단지 그의 책이, 그의 정성이, 그의 장애인과 이웃들을 향한 긍휼의 마음이 세상을 밝히기를 희망할 따름입니다.

이 책이 장애인들뿐 아니라 비장애인들에게도 널리 전달되어 실제적인 도움을 주기를 바라며 일독을 권합니다.

사회복지법인 '엔젤스헤이븐' 이사장

조준호

머리말

30년 전에는 재활이 뭔지도 몰랐습니다.

1992년 3월 꿈결에 아이 울음소리를 들으며 '내 아이도 태어날 때가 되었을 텐데' 생각하는 순간, 눈을 떴습니다. 사고 후 병상에 누운 지 40일이 경과된 날이었습니다. 그동안 수차례 수술을 받았고, 문병 온 분들과 대화도 했다는데 깨어보니 아무것도 기억나지 않아 무서웠습니다.

울음소리로 나를 깨웠던 딸이 어느새 서른두 살이 되었습니다. 돌이켜보면 절망적일 때 태어난 딸과 가족, 친구들의 관심과 사랑이 제 인생의 버팀목이었습니다. 지난 30여 년은 어린 딸을 지켜주고픈 간절함으로 버텨온 시간이었습니다. 제 몸도 건사하지 못하는 아들에 더해 손녀까지 돌봐주고 키워주신 부모님은 세상을 떠나셨지만 하늘나라에서 우리 부녀를 지켜주시리라 믿습니다.

휠체어 없이는 움직이지 못하지만, 더 어려운 이웃을 사랑하라는 소명으로 믿고 『서고, 걸으면 된다』 다음으로 드디어 다섯 번째 책 『하루 30분 운동으로 뇌신경 질환 회복하기』를 출간합니다.

　꿈에도 생각하지 못했던 장애는 많은 것을 알게 하였습니다. 무엇보다 작은 것에도 감사할 줄 알게 되었습니다. 감사한 마음은 더 어려운 처지의 장애인과 사회적 약자들을 찾아다니게 했습니다. 손만으로도 운전할 수 있는 차가 있어 감사해하면서 매년 수십만 킬로미터를 달렸습니다.

　방문해보면 재활의 기초조차 몰라 회복할 수 있는 중요한 시기를 놓친 이들이 많이 있었습니다. 뇌와 신경에 손상을 입은 이들이 간단한 몇 가지 동작만으로도 감각과 운동 기능을 일정 부분 회복할 수 있었을 텐데 하는 안타까움만 컸습니다.

　비슷한 처지에 있는 분들을 위해 작지만 소중한 정보를 전하고픈 마음에 책을 만들고 싶었지만 어떻게 해야 할지 몰라 사회복지법인 은평천사원의 조규환 회장님을 무작정 찾아갔습니다. 당시 조 회장님은 이름만 듣고 방문한 나를 초면임에도 따뜻하게 맞아주셨고, 복지 관련 일이라면 무조건 도와주셨습니다.

　덕분에 『해처럼 달처럼』(1995)과 『장애정보 가이드』(1997)가 세상에 나올 수 있었습니다. 1959년 전쟁고아들을 돌보는 일을 시작해 사회복지법인 '엔젤스헤이븐'(구 은평천사원)을 설립하고, 지금은 은퇴하신 조 회장님은 나눔과 복지가 무엇인지 깨닫게 한 저의 복지 스승입니다.

　재활이라는 말이 있는지조차 몰랐던 때, 장애를 가진 지 1년이 지나서야 연세대학교 세브란스병원에 재활병원이 있다는 것을 알았습니다. 이곳은 1952년 우리나라 최초로 물리치료를 시작했고, 1987년 신축 건물을 완공했습니다. 장애인들과 재활과 비장애인들의 장애 예방을 돕는 책자를 준비하면서 짧은 기간 연세대학교 재활병원의 입원 치료 과정을 경험할 수 있었습니다. 가뭄에 단비 같은 소중한 체험이었습니다. 그리고 그곳에서 평생 재활 스승인 전세일 원장님을 만났습니다. 미국에서 의대 교수로 계시다가 1988년에 한국에 온 원장님의 지도와 재활 전문가들의 도움으로 세 번째 책 『(해처럼 달처럼) 장애예방과 재활정보 가이드』(1998)가 완성되었습니다. 이 책 1,500권을 사회복지공동모금회 박을종 전 총장님의 도움으로 전국 복지 관련 기관과 단체에 전달할 수 있었습니다. 그분은 지금 성동구립 성수종합사회복지관 관장님으로 계시며, 진정한 사회복지 지도자의 본이 되시는 분이십니다.

연세대학교 재활병원 재활 과정에서 발목 경직을 막기 위해 시작한 발목 밀기와 발목 뻗기는 재활 운동에 도움이 될 것 같아 시작한 것인데 뜻하지 않은 기능 회복을 불러와 깜짝 놀랐습니다. 그러나 그 이유가 시냅스가 뇌를 활성화시켰기 때문이라는 사실을 깨닫지 못한 채 30년 세월이 주마등처럼 지나갔습니다. 조금 더 일찍 알았다면 뇌와 신경 손상으로 인한 인체 기능 회복을 위해 더 체계적인 대안을 만들 수 있었을 텐데 하는 아쉬움이 큽니다. 그러나 이제 회복의 이유를 알았으니 지금부터가 또 다른 시작이라고 봅니다.

통계에 따르면 매일 산업재해로 6명이 목숨을 잃고 300명이 부상을 당합니다. 이러한 갖가지 부상은 평생 장애로 이어지는 경우가 많습니다. 또 사고가 아니어도 뇌졸중 등으로 매일 장애를 입는 사람 역시 헤아릴 수 없이 많습니다. 사람들은 장애를 겪기 전까지는 자신은 장애를 갖지 않을 것이라고 막연하게 자신합니다. 저 역시 그랬습니다.

여러 분들의 도움으로 지난 30년 동안 축적된 경험과 인체 회복 운동 재활 정보를 책자로 정리했습니다. 모쪼록 이 책자가 국민 모두의 건강과 장애인과 나아가 전 세계인에게 희망이 되기를 바랍니다. 이렇게 시작된 필자의 고투에 저보다 더 폭넓은 지혜와 지식을 소유한 건강한 많은 분들의 연구와 경험이 더해진다면 실용적이고 발전된 높은 수준의 인체 회복의 길이 열릴 것이리라 기대합니다.

하나 아쉬운 것은 동영상 시대인데 책자에 영상을 올릴 수 없는 것입니다. 간단한 동작 같지만, 사람 얼굴과 체형이 다르고, 손상 정도와 회복력 차이가 있는 만큼 각 사람에 맞도록 회복운동 방법이 달라 실제 회복운동을 시행하는 동작을 보고 따라 하는 게 큰 도움이 될 텐데 말입니다.

다만 30년간 수많은 분들이 경험한 공통적인 메커니즘을 이용해 기술했기에 잘 따라 하신다면 적용의 깊이와 차이가 있을 뿐 누구나 회복되는 임상을 경험할 것입니다.

마지막으로, 당장 치료가 필요한 환자나 보호자 및 운동치료사들에게 이 책의 활용법을 설명해 드립니다. 이 책은 네 개의 장으로 구성되어 있습니다. 1~3장은 기적의 운동요법의 근거, 즉 이론을 설명하고 있습니다. 그러나 실제 증상별 운동요법은 4장에 있습니다. 우선 내게 필요한 운동치료를 하면서 그 운동이 어떤 이유로 치료에 도움이 되는지는 1~3장을 차분히 보면 됩니다. 이 책은 이론을 위한 것이 아니므로 우선 4장의 운동치료부터 먼저 시행하기를 권장합니다.

누구에게나 해처럼 달처럼 낮과 밤의 작은 빛이 되어주고 싶은
해처럼달처럼사회복지회 회장
윤봉근

차 례

추천의 글 05
머리말 08

1장 | 뇌 생명공학과 회복운동

01 뇌 생명공학 시냅스 인체 회복운동 17
02 뇌 시냅스의 역할 35
03 의학·과학 정보디지털 통신기술과 회복운동 39

2장 | 몸동작의 비밀

01 우리 몸의 동작 비밀 45
02 인대 수축과 근력 감소 위험성 53
03 두 다리의 역할 56
04 목과 어깨의 역할 59
05 입·코와 혀 운동과 치아 관리 63
06 피부의 역할과 미용 효과 66

3장 | 뇌 회복 방법과 뇌 회복운동

01 뇌의 자연 노화와 손상 예방 및 건강 회복 71
02 회복운동 방법과 인체 회복과 뇌 이상 징후 76
03 인체 회복을 위한 뇌 시냅스 회복운동 메커니즘 108
04 몸을 운용하는 뇌와 장내 미생물 유전체 125

4장 | 질병별 회복운동

01 뇌졸중	143
02 뇌성마비	151
03 척수 장애	158
04 근육 장애(근이양증)	168
05 파킨슨병	175
06 소뇌위축증	187
07 척추소뇌변성증	196
08 치매	197
09 뇌전증	206
10 결절성 경화증	210
11 고엽제 후유증	214
12 긴장성 두통	216
13 자폐증/자폐스펙트럼 장애	220
14 주의력 결핍 과잉행동 장애	229
15 정신 질환	233
16 14번 염색체 장완 결손	237
17 소아마비	241
18 하지정맥류	245
19 암	248
20 루게릭병(근위축성 측색경화증)	251

맺음말   255

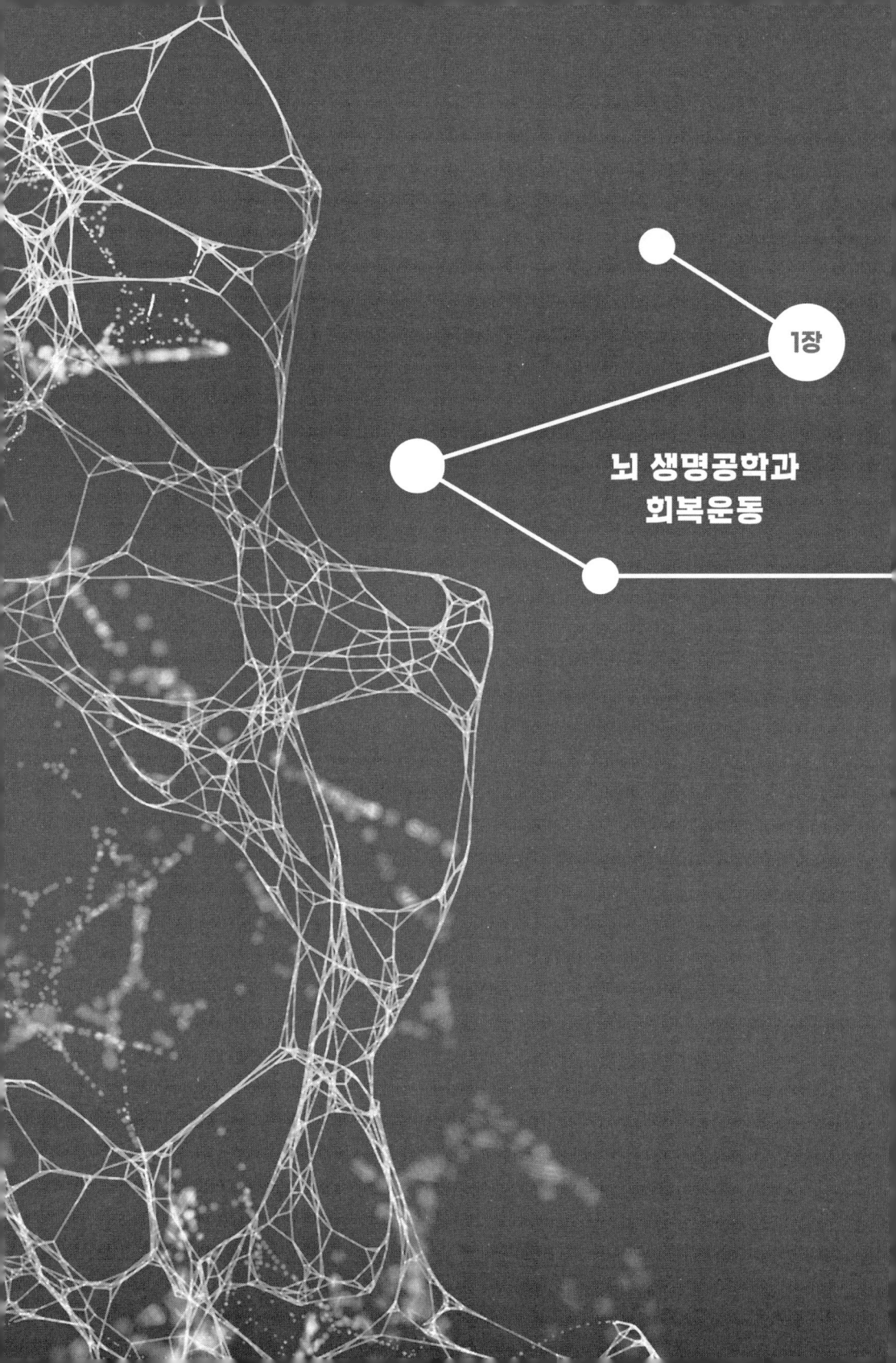

1장

뇌 생명공학과 회복운동

뇌 생명공학 시냅스 인체 회복운동

1. 의학 재활 개념

DNA 염색체의 변이나 뇌 질환, 뇌신경 손상 등으로 인해 정신과 감각, 운동 기능에 장애가 발생하면 뼈와 근육 이상, 대사 문제 등으로 일상이 불가능할 뿐 아니라 생명에도 위협을 받게 된다. 여러 가지 치료와 의료 재활로 일상 회복을 돕지만 아직 한계가 많다.

장애 회복을 위해 수술을 한 뒤에 진행하는 의료 재활로는 약물 치료와 물리 치료, 보존적 치료, 한방 치료, 줄기세포 치료, 디지털 활용 등이 있다. 기존 방법과 다른 새로운 뇌 시냅스를 통해 학습하는 회복을 카이스트 생명공학부 김은준 교수와 케이코 박사가 논문으로 밝혀냈다. 또한 나는 30여 년간 재활운동을 진행하며 우리 몸이 회복되는 이유가 소뇌 시냅스를 이용한 회복운동에 달려 있다는 것을 임상을 통해 알게 되었다.

2. 소뇌 시냅스 회복운동 임상 이유

소뇌의 의학적 역할

소뇌는 골격근 운동을 조절하는데 특히 몸의 균형을 잡고 동작을 계획하고 실행하는 곳이다. 소뇌에 입력되는 정보 중에 근육 긴장도와 근육 길이 변화를 고유 감각이라고 부른다. 고유 감각 정보를 운동 피질과 그물 형성체, 적색핵, 전정핵으로 출력하는데 운동 피질과 뇌간 신경핵들은 모두 하위 운동 신경원인 척수 전각의 알파와 감마 운동신경 세포와 시냅스가 서로 맞닿아 정보를 전달한다.

척추동물의 신경 시스템이 발생하는 과정은 다음과 같다.
① 외배엽의 신경판에서 신경관 생성.
② 신경관이 외측 뇌실, 제3 뇌실, 중뇌 수도관, 제4 뇌실로 구분.
③ 외측 뇌실벽이 두꺼워지면서 대뇌 피질, 기저핵 형성.
④ 제3 뇌실벽은 시상과 시상하부의 간뇌 영역을 생성.
⑤ 중뇌 수도관 영역에서 시개와 피개의 중뇌가 형성.
⑥ 제4 뇌실벽은 소뇌와 교뇌 생성.

회복운동의 작동

소뇌의 의학적 역할에서 볼 수 있듯이 소뇌에 문제가 생기면 여러 가지 장애로 나타난다. 소뇌 운동 피질과 뇌간 신경핵들은 모두 하위 운동 신경원인 척수 전각의 알파와 감마 운동신경 세포와 시냅스가 서로 맞닿게 이어져 정보를 전달한다. 역으로 회복운동으로 발목 인대에서 척수 전각까지 인체의 모든 정보를 스캔해 소뇌 시냅스로 전달해 뇌가 새롭게 학습해 임상 회복을 볼 수 있다.

3. 생명공학 시냅스 논문

〈미라클 KIST〉
안정성을 유지하는 뇌의 비밀 - 시냅스 스위치로 온오프

(KIST PR 2018. 5. 24. 15:51)

게이코 야마모토 KIST 박사팀
소뇌 시냅스 안정적 학습 메커니즘 규명
눈꺼풀, 눈동자 등 미세한 움직임 조정 어려움 해소 기여

우리의 몸을 구성하는 장기 중 가장 중요한 역할을 수행하고 있는 것은 단연 뇌다. 뇌는 물체를 보고, 맛을 느끼는 기본 감각부터 우리가 생각하는 모든 사고가 이루어지는 곳이다. 하지만 복잡하고 정교한 뇌의 역할에 비해 우리가 알고 있는 것은 극히 일부분이다.

전 세계적으로 뇌가 어떻게 연결되어 있고, 어떻게 서로 신호를 주고받는지 규명하며 '뇌지도'가 만들어지고 있는 가운데, 게이코 야마모토 KIST 기능커넥토믹스 박사연구팀(제1저자 김태곤 박사, 공동교신저자 유키오 야마모토 박사)이 일상적인 움직임의 미세 조정과 운동학습을 담당한다고 알려진 뇌 부위인 소뇌(cerebellum)의 시냅스를 이용하여 소뇌의 학습 메커니즘을 규명하고, 시냅스의 신호 전달 효율의 변화 및 그 변화의 유지를 유발하는 스위치 체계를 발견했다.

소뇌는 똑바로 걷거나 눈꺼풀, 눈동자가 움직이는 것과 같이 대뇌의 기능으로 이루어지는 근육운동을 세밀하게 만들고, 조화를 돕는 중요한 부위이다. 이러한 활동은 소뇌 안에서 일어나는 엄청난 양의 신경세포들 간 신호전달 체계와 효율에 따라 이루어지기 때문에 아주 미세한 신호에 의해서도 장애가 일어나기도 한다.

복잡한 시냅스 정보전달 체계, 빛으로 스위치 On/Off

뇌세포는 시냅스(뇌세포끼리 신호를 전달하는 세포의 작은 부위)를 통해 신호를 전달한다. 이때 자극의 세기, 반복 정도 등에 따라 시냅스의 신호 전달 효율이 달라지고, 같은 자극에도 정보처리 방식이 역시 점점 달라진다. 신호 전달 효율은 수용체의 숫자가 늘어나거나(장기간 시냅스 강화) 줄어들며(장기간 시냅스 억제) 변화하게 되는데, 안정적인 학습을 위해선 효율이 변화한 후에도 유지되어야 한다.

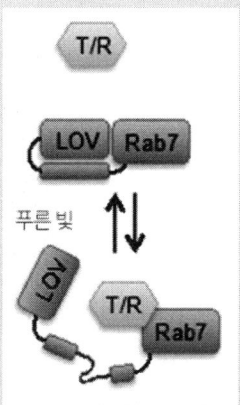

LOV가 작동하는 방식

실험 방식

세포 내 수송을 방해하는 Rab7TN을 LOV에 결합시켜 세포 내에 발현하고 전기적으로 세포에 시냅스 억제를 유도한 후 특정 시점에 푸른빛을 가하여 세포 내 수송을 방해한다.

게이코 박사팀은 이 과정에서 '세포 내 수송경로'(intracellular denosomal pathway)가 핵심 기작으로 쓰인다는 가설을 세웠고, 광유전학 단백질 'LOV-Rab7TN'을 통해 소뇌 시냅스의 효율 조절스위치 체계와 학습 메커니즘을 발견하며 가설을 증명했다.

연구팀이 개발한 광유전학 단백질 LOV-Rab7TN은 푸른빛을 흡수하는 동안만 세포 내 수송을 방해한다. 먼저 전기적 자극을 가해 장기 시냅스 억제 스위치를 작동시킨 후, 특정 시점(약 15분 후)에 맞추어 푸른빛을 가해 LOV-Rab7TN을 활성화시킴으로써 세포 내 수송을 방해해 장기 시냅스 억제를 막았다.

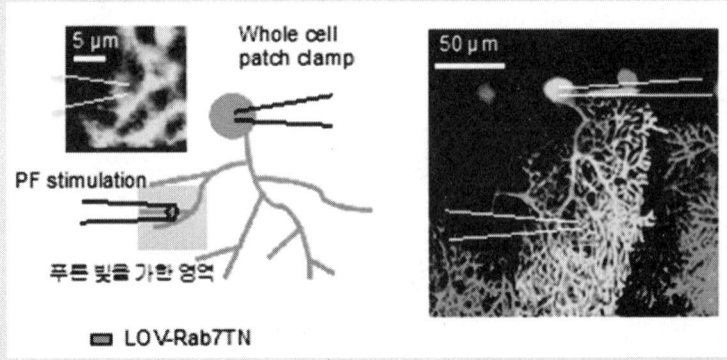

게이코 박사는 "장기 시냅스 억제 스위치를 작동시킨 직후에 빛을 가했을 경우엔 장기 시냅스 억제 중단이 이루어지지 않는 모습을 보였다"며 "이는 장기 시냅스 억제 유도 과정과 유지하는 과정이 시간적으로 차이가 있다는 뜻이었고, 여러 실험을 거쳐 15분이라는 시점을 찾아낼 수 있었다"라고 말했다.

연구팀은 이번 실험 결과를 통해 (1) 장기 시냅스 억제 유도 과정과 유지 과정이 시간적으로 차이가 난다는 점, (2) 장기 시냅스 억제의 유지에 세포 내 수송 경로, 특히 분해 경로로의 수송이 중요한 역할을 한다는 점, (3) 장기 시냅스 억제를 유지하는 메커니즘의 작동은 특정 시점에 잠시 동안 이루어진다는 점 등을 증명했다.

또한 이번에 밝혀낸 메커니즘은 모든 세포가 가지고 있는 세포적 이벤트를 활성화하는 시스템이기 때문에 뇌의 다른 부위의 학습 기능 메커니즘을 밝히는 데에도 활용될 수 있을 것으로 전망된다.

게이코 박사는 "이번 소뇌의 시냅스 신호 전달 효율 메커니즘은 향후 움직임의 미세한 조정에 어려움을 겪거나 그런 조정을 학습하는 데 어려움을 겪는 환자들의 재활 등에 기여할 수 있을 것"이라고 말했다.

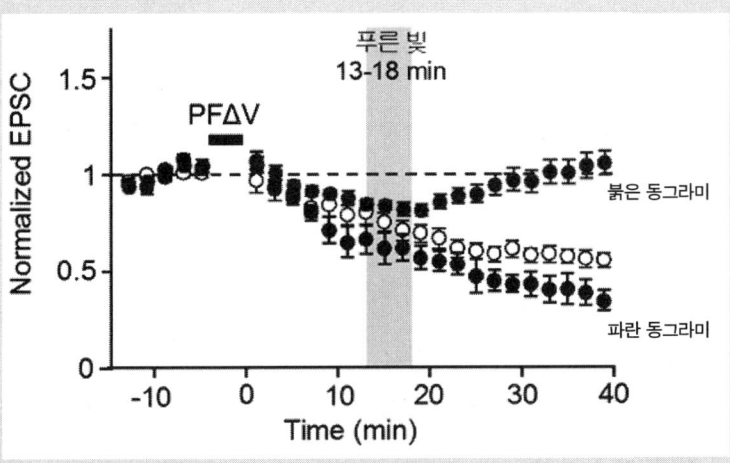

푸른빛을 특정 시점(시냅스 억제 유도 후 13~18분)에 가했을 때 억제되던 시냅스가 다시 제 위치로 돌아오는 상황(붉은 동그라미).

복잡할수록 흥미로운 뉴런과 아름다운 퍼킨지 세포에 빠지다

게이코 박사는 학부부터 박사 과정까지 수의학을 전공했다. 그는 "생리학을 연구하던 기초연구실에서 뉴런과 세포가 일상생활에 어떤 영향을 미치는지 관심을 가지게 되었다"며 "외부 자극을 받아들여 반응하는 세포들의 복잡한 시그널링(signaling)에 흥미를 느끼고 신경과학자가 되겠다고 다짐했다"라고 말했다.

남들이 보기엔 복잡해 보이고, 또는 징그럽게 보일 수 있는 뉴런과 세포의 구조가 게이코 박사에겐 최고의 매력이었던 것. 이번 연구 성과 역시 '퍼킨지 세포'(Purkinje cell)가 그를 사로잡았다. 퍼킨지 세포는 인체의 운동 능력을 관장하는 신경세포의 일종이다.

게이코 박사는 "소뇌의 과립세포(granule cell)와 퍼킨지 세포 사이에서 주로 발생하는 장기 시냅스 억제는 주로 눈으로 관찰하는 실험이다"라며 "아름다운 퍼킨지 세포가 어떻게 반응하는지 계속 관찰할 수 있는 것이 소뇌 메커니즘 연구를 할 수 있게 만드는 원동력이다"라고 말했다.

그는 소뇌를 비롯해 뇌의 구조와 메커니즘 규명을 통해 뇌 질병으로부터 더 많은 사람을 돕고자 한다. 그는 "예를 들면 우울증 약은 효과는 있지만, 아직까지 그 효과가 어떤 방식으로 작용하는지 알지 못한 상태"라며 "질병의 원인이 무엇이고, 또 치료는 어떻게 이루어지는지 알 필요가 있다"라고 설명했다.

게이코 박사는 앞으로 소뇌를 중심으로 운동 기능과 인지 기능에 대한 연구를 이어갈 예정이다. 그는 "궁극적으로 소뇌를 통해 표면상으로 구분된 운동 기능과 인지 기능을 통합적으로 살펴보고 싶다"라며 "이를 통해 장애를 극복하고, 자연스러운 활동이 효율적으로 이루어질 수 있도록 기여하고 싶다"라고 말했다.

(KIST 생명공학 자료 참조)

4. 뇌의 특성

인간은 뇌세포에 기억 저장 기능이 큰 사람, 경험이 많고 학습된 사람을 똑똑한 사람이라고 한다. 저장된 지식이 많은 사람들은 자신의 뇌를 믿고 살겠지만, 우리의 뇌는 그만큼 믿을 것이 되지 못한다. 어느 날 기억 장치에 문제가 생기면 자신이 믿었던 정보가 순식간에 사라질 수 있는 것이다.

뇌에 쌓인 지식이 많으면 곧잘 자만하게 된다. 하지만 아무리 뛰어난 지식인이라도 틀릴 수 있다는 것을 인정하지 않고 교만하다가도 뇌에 문제가 생기면 그동안 쌓아온 지식이 '말짱 도루묵'에 지나지 않는다는 것을 알게 된다.

결국 뇌 문제로 인해 발생하는 갖가지 장애로 지식이 사라질 수 있기에 꾸준한 운동과 더불어 마음을 풍요롭게 만들어갈 수 있는 양질의 독서를 하고 또한 바른 식습관을 지녀야 한다. 이런 경험이 길면 길수록 뇌 기능을 향상시켜 마음과 뇌 작동의 균형을 갖게 해준다.

뇌 문제는 각종 대사 질환은 물론 뼈와 관절에 문제를 일으키고 근육의 감각과 운동력을 약화하거나 사라지게 한다. 이런 변형이 일어나면 스스로 생활할 수 없게 되고 나아가 생명까지 위험에 노출된다. 일상생활은 신변 처리에 문제가 없는 걸 기본으로 하여 서고 걷고 양팔을 사용할 수 있어야 가능하다. 그렇지 않으면 신체 대사와 근력 소실로 이어져 호흡까지 어려워지며 생활이 불가능하게 된다. 결국 운동 기능 상실은 1차적으로 운동을 담당하는 소뇌에 의해 문제가 발생한다. 뇌로 인한 문제는 경련이 일어나는 것처럼 자신의 의지와 전혀 상관없이 벌어진다. 누군가 갑자기 밀어 낭떠러지에서 떨어지듯이 무너지고 만다. 그렇기에 항상 일상생활에 주의해야 한다.

뇌의 이해

적절한 운동과 독서, 자신의 일과를 돌아보는 일기 쓰기는 정서적인 감성을 북돋고 뇌의 기억력을 증진하며 내면을 튼튼하게 해준다.

강의 내용을 잘 받아쓴다고 해서 공부를 잘하는 것은 아니듯이, 어린이책에 그림을 삽입해 이해를 돕는 것처럼 각인이 필요하다. 책을 읽고 쓴 내용을 생각하고 요약해 보아야 더 확실하게 뇌에 각인된다.

책을 눈으로만 읽는 것보다 눈으로 보며 입으로 읽고 손으로 쓰면 뇌가 더 잘 기억하게 된다. 배운 것을 한 번 더 생각하며 요약한다면 뇌의 기억 기능은 현저하게 증진한다. 이것이 공부와 운동을 잘하는 비결이기도 하다. 또한 학교에서 첫 수업을 시작하기 전에 맨손 체조 등과 같은 가벼운 운동을 한다면 뇌의 기억력을 향상시킬 수 있다.

뇌가 손상된 사람에게 손상을 입지 않은 사람의 동작을 먼저 눈으로 보게 하고 눈의 정보와 함께 동작하게 하면 훨씬 쉽게 따라 하는 이유가 이것이다. 회복운동 후 자신의 기능 동작 과정 영상을 보는 것도 뇌에는 더 깊숙이 인지된다.

또한 인체의 각 부위는 각각의 동작을 따로따로 할 수 있어야 뇌가 건강한 것이다. 의자에 앉아 안정된 상태에서 발을 90도로 들고 허벅지와 무릎, 발바닥, 발가락 각 부위만의 힘으로 동작할 수 있을 때 뇌와 하체 기능이 건강하다고 볼 수 있다.

염색체 변이와 뇌 질환이나 뇌 손상은 내부 장애나 근력 및 기능 소실로 나타난다. 학습이나 경험 등으로 인지된 데이터는 뇌 유전자에 각인되는데 손상 입은 만큼 회복운동시 락(lock)을 걸어 뇌의 기능 상태와 척추에 발생한 문제를 알려준다. 이때 지금껏 알지 못했던 전조 부분도 알 수 있다.

DNA 설계에서 한쪽 발 근력에 문제가 있다면 태어났을 때 균형 보상을 위해서 정상인 한쪽 발과 달리 근력과 뼈와 근력을 키워 기형적으로 나타나는 것을 볼 수 있다. 반대로 태어난 뒤에 뇌 손상으로 근력이 적어지며 뼈 변형까지 나타나기도 한다. 회복운동으로 문제의 원인을 파악해 필요 없이 커진 한쪽 발의 근육을 빼고 더 이상 뼈가 변형되는 것을 막아 균형을 맞추어 간다. 임상 결과에 따르면, 회복운동 방법과 횟수에 따라 회복 시간이 다르고 어린 나이에 진행하면 효과가 더 높다. 의학과 과학이 발전하는 만큼 치료법이 달라지듯이 뇌 연구도 급진전하고 있다. 따라서 뇌는 뇌세포가 손상되어 기능이 죽으면 회복이 불가능한 영역인 줄 알았으나 소뇌 시냅스 학습을 통해 다시 기능을 한다는 것이 논문으로 증명됐고 임상으로 확인되고 있다.

마음과 뇌 회복의 한계

뇌는 회복운동으로 회복될 수 있다. 하지만 마음의 상처나 주위 환경으로 얻어지는 스트레스와 우울증, 극한 위험에 노출되어 발생하는 트라우마 같은 경험은 회복운동보다 정신과 상담을 받아야 한다. 상담을 통해 원인을 찾아 제거해 주는 마음 회복이 선행되어야 한다.

회복운동을 해보면 뇌 속의 나쁜 데이터를 발견해 삭제하기도 하고 좋은 데이터를 새롭게 학습해 만들어 줄 수도 있다. 그러나 회복운동으로 마음의 문제는 스트레스가 있다는 정도만 알 수 있다. 마음의 나쁜 데이터는 대인 관계나 경제적 문제, 주위 환경 등과 관련하여 정신과 상담을 먼저 받아야 한다. 그런 연후에 회복운동으로 뇌의 나쁜 데이터를 삭제하는 것이 순서다. 마음에 문제가 있는 경우에는 주위 사람들의 이해와 협력을 받아 치료를 해야 하며, 회복운동에는 일정 정도 한계가 있다.

한편 인체 관절이 골절 등으로 손상을 입어 어려움을 겪은 경험은 뇌에 각인된다. 그래서 손상 부위가 좋아져 동작을 원활하게 하더라도 힘들었던 기억은 남는다. 이때 동작 기능을 저하시키는 나쁜 데이터가 쌓이면 나중에 마음까지 어려워지는데 이런 증상에서 발생하는 마음의 문제일 때는 회복운동이 효과적이다.

뇌와 회복운동의 실체

염색체 문제나 뇌신경 손상 등은 재활 방법으로는 회복에 한계가 있다. 그러나 최근에는 소뇌 시냅스로 학습되어 회복된다는 논문으로 확인되었다. 이것이 발목 인대의 스위치 역할을 통해 회복하는 임상 방법이다. 뇌 의학적인 신호를 직접 주는 방법이 아닌 외부 스위치인 발목 인대를 통해 회복운동을 하는 것이다.

뇌신경 문제가 발생하면 감각과 운동 기능이 없어지거나 있더라도 미미해진다. 그에 따라 근력이 줄어들고 심하면 몸이 수축하며 뼈에까지 변형이 온다. 이럴 때는 회복운동 뇌 학습으로 감각과 운동 기능을 새롭게 만들거나 질병 등 각각의 뇌신경 손상 장애를 회복해야 한다. 소뇌 시냅스 스위치 역할을 하는 발목 인대에서 척수 전각까지 내부 장기 문제, 뼈와 근육의 수축된 부분을 연결하는 것까지 뇌세포에 자리할 수 있는 시냅스의 강약과 시간 길이 차이로 회복 동작을 해주면 회복으로 이어진다. 물론 아직은 임상이 많지 않아 집중적인 연구가 필요하다.

두통 역시 간단히 볼 증상이 아니다. 만약 두통이 발생해 나쁜 데이터가 쌓이면 뇌와 상관없는 목 아래에서 발로 이어져 수축하게 하여 서고 걷는 것까지 어렵게 만든다. 이때는 경추의 문제일 수 있기에 원인에 유의해야 한다. 두 가지 모두 해당할 수도 있다.

회복 과정에는 슬럼프 기간을 맞게 되는데 대부분 회복하는 속도에 실망해 회복운동을 멈춘다. 그렇기에 뇌 학습도 뇌의 면역력을 높이고 학습된 정보를 정리하는 시간이 필요하다. 슬럼프 기간은 보통 2~3일이나 길게는 2주까지 간다. 하지만 이런 슬럼프는 대부분 한 단계 올라서기 위한 디딤돌 역할을 하는 시간임을 임상을 통해 알게 된다.

(※ 회복운동을 진행하기 전에 먼저 대상자의 골다공증 유무를 관련 전문의에게 확인을 받아야 하고, 또한 회복운동을 진행할 때도 처음에는 매우 조심해야 한다.)

뇌신경 질환과 뇌 문제의 차이점과 회복에 대한 이해

뇌전증(Epilepsy: 간질)과 같은 뇌신경 세포가 일시적으로 이상을 일으켜 과도한 흥분 상태를 유발하여 나타나는 의식 소실, 발작, 행동 변화 등은 뇌 질환과 뇌 손상으로 발생하는 마비나 떨림, 강직성 경직 등의 반복적인 발생과는 구분되지만, 회복운동 임상 결과는 같다.

염색체로 인한 근육 장애나 파킨슨병처럼 도파민 파괴로 나타나는 병세와 뇌 질환으로 나타나는 증상에 차이가 없는 듯 보이나 느낌은 확실히 다르다. 뇌 질환으로 나타나는 증세는 의식하지 못하는 무방비 상태에서 갑자기 밀려 낭떠러지에서 떨어지는 느낌이다. 이는 일으켜 세웠을 때 주저앉은 것을 자신이 알고 있는 느낌과는 확연히 구분된다. 회복운동의 임상 결과, 근력이 세고 뼈가 튼튼해도 서고 걷지 못하는 증상과 수술과 약물로는 완전하게 회복되지 않는 증상 모두에서 회복되거나 호전을 보인다.

뇌 문제와 신경마비의 차이

뇌 문제로 관련 신체 부위 감각과 운동 기능이 없는 경우와 신경 문제인 경우로 나뉜다. 뇌와 신경 문제로 인한 감각과 운동 기능이 저하되었을 때 회복력을 가질 수 있는지 여부는 올바른 회복운동 횟수와 시간으로 결정된다. 다만 신경이 완전히 절단된 경우에는 회복에 한계가 있다. 하지만 이럴 경우에도 회복운동을 계속 진행한다면 생각지 못한 좋은 임상 결과를 볼 수도 있다.

- 뇌와 신경이 완전히 제 역할을 못 하면 감각과 운동 기능 모두 완전 마비로 나타난다. 이럴 때 특별한 방법이 없는 상황에서 회복운동으로 좋은 결과를 얻을 수 있다. 최소한 현 상황을 유지하는 데는 도움이 된다.
- 뇌 문제로 인한 마비는 둘 다 완전히 회복할 수 없으나, 감각은 있는데 운동 기능이 없는 경우가 대부분이다. 이럴 때는 뇌수술보다 회복운동이 회복 임상 비율이 높다. 그 이유는 뇌수술은 계속 반복할 수 없으나 회복운동은 계속할 수 있기 때문이다.
- DNA로 문제된 근력 소실이 인체의 한 부위에만 있는 경우 그곳만 빼면 모두 작동을 한다. 하지만 결국 다른 부위 수축으로 이어진다. 이럴 때 회복운동으로 잘못된 설계도를 지우고 새롭게 만들어가는 것을 볼 수 있다. 그렇기에 DNA 문제나 다른 염색체 문제도 회복운동으로 많은 부분 회복을 알 수 있다. 단, 어느 한쪽이나 양쪽 모두의 부분 기능을 상실한 상황이라면 회복 기간이 길 수 있다.
- 뇌 문제로 서고 걷지 못하면 여러 재활 운동에서 근력 운동에 전념하는 것을 볼 수 있다. 그러나 최대의 근력을 완성했더라도 뇌 신호가 끊기면 바로 넘어지거나 떨어진다. 이럴 때에는 회복운동으로 뇌 학습의 문제를 바로 잡아주어야 한다.
- 척수 신경이 완전하게 끊긴 경우에도 회복운동을 계속 수행하면 걷지 못해 만들어지는 내부 기능의 회복을 볼 수 있고 걷는 효과를 얻을 수 있다.
- 신경마비의 경우, 휠체어가 내려가기에 큰 어려움이 없는 완만한 경사로라도 막상 내려갈 때 뇌가 위험을 느끼면 멈추게 된다. 마

비로 인해 뇌가 느끼는 경사도의 기준이 기존과 달라지기 때문이다. 이런 경우에는 달라진 몸의 균형에 대해 새롭게 이해하고 경험을 통해 안전 기준을 새롭게 인지해야 한다. 그러려면 마음과 뇌를 일치시키는 연습을 통해 경사로에 적응할 수 있게 경험치를 늘리면 된다.
- 암과 같은 내부 질병 역시 회복운동으로 빠르게 치유되거나 증세의 호전을 보인다.

5. 회복 반응

인간의 생로병사는 자연스러운 일이다. 백세 넘게 정신과 뼈와 근력, 시각과 청각과 치아가 건강하여 맛있는 음식을 먹고 일상생활을 영위하시는 분들은 부러움의 대상이 된다. 의학과 과학의 발전으로 인체의 많은 비밀이 밝혀지고 치료법 또한 발전하고 있다. 회복운동 또한 새롭게 밝혀지고 있는, 뇌 학습을 통해 인체가 회복되는 방법이다.

요즈음 장수마을의 환경과 장수하시는 분들이 먹는 음식물을 활발하게 연구하고 있다. 반면에 인체의 기초이고 근원인 시냅스로 손상된 뇌를 회복운동으로 쉽게 회복하는 것을 보면서도 세계 최초의 임상이기에 시냅스 회복운동에 대해 믿지 못한다.

인간은 전쟁과 질병으로 다른 사람이 옆에서 죽어가도 자신만 아니면 관여하지 않는 잔인함이 있다. 가족 중에 장애를 겪는 구성원이 있어 신변 처리와 경제적 어려움이 길어지면 돌봄조차도 부담스러워진다. 이런 상황에서 뇌가 새로이 학습해 회복되는 시냅스를 재발견하여 세계가 연구에 집중하고 있는 것은 정말 다행스러운 일이다. 시냅스의 세계 최고 권위자인 김은준 교수는 임상 회복을 인정하는 최초의 전문가이기도 하다.

시냅스 회복의 더욱 높은 단계

임상을 해보면 대부분의 증상은 일반적인 회복운동으로 회복이 된다. 그러나 어려운 점은 회복이 안 될 수도 있다는 불안에 사로잡힌다는 것이다. 암 등의 질병과 뇌 질환이나 뇌 손상으로 증세가 심해 회복이 어려울 것 같은 경우에도 뇌 시냅스 회복운동보다 마음으로 몰입하여 만들어내는 회복도 경험하곤 한다.

일반적인 회복운동으로는 회복의 한계가 분명한 상황에서 심리적인 회복인 마음과 안정된 환경에서 회복이 빠르기도 하고 때때로 몰입된 마음이 시냅스 회복운동 이상으로 강하게 작용하는 경우가 있다. 시냅스의 역할을 알아냈듯이 생명공학자나 뇌 의학자가 연구하면 언젠가는 마음의 역할도 알아낼 수 있지 않을까 싶다.

몸의 중심은 뇌와 발목

우리가 태어나 성장하면서 장애가 발생해 서고 걸을 수 없으면 이동 문제만으로도 생활을 영위하는 게 어렵거나 불가능하게 된다. 우리는 몸의 운용과 조율, 조정 및 관리를 하는 소뇌와 각 기관들이 유기적으로 작동할 때 건강하게 생활할 수 있다.

인간은 척추동물로 분류되어 직립 보행을 하는 유일한 동물이라고 한다. 하지만 우리는 정작 서고 걷는 데에 핵심 역할을 하는 발목의 중요성에 대해서는 그다지 관심을 두지 않고 살아간다.

서고 걷는 일의 중심은 발목 인대

체중과 중력을 버티고 서서 걸음을 옮길 수 있게 하는 핵심 역할을 하는 부위는 발목 인대이고 보조 역할을 하는 부위는 발바닥과 발가락이다. 그 다음이 다리와 척추와 팔다리 등이다. 이 부분들은 이동할 때와 활용할 때 빠르고 신속하며 힘 있고 정확하게 임무를 수행하도록 돕는다.

발목 인대가 잘못되면 원인 모르는 통증들이 발생한다. 그 통증들은 서고 걷는 데까지 영향을 주어 일상생활조차 어렵게 만들기도 한다. 무릎 연골 마모와 척추관 협착증 등 여러 가지 이유로 발생하는 통증을 해소하기 위한 수술과 약물 요법들이 속속 새롭게 나오고 있다. 그중에 장내 유익균들도 새롭게 부각하고 있다.

무릎이나 척추의 통증은 몸의 균형이 깨져 생기는 통증이 대부분이다. 체중과 중력을 단단히 받치지 못해 발생하는 병세인데도 그 중심 역할을 하는 발목과 발바닥, 발가락에는 관심이 없다. 수술과 주사 치료를 하고 나면 재발이 잦은데 그 이유는 몸을 지탱하는 기초가 약하기 때문이다. 수술을 하고 재활 운동을 하더라도 시냅스 자극 회복운동으로 기초를 단단하게 하지 않는다면 통증이 재발하는 원인이 된다.

발목 인대의 역할

- 발목을 밀면 아킬레스건이 당기고, 당긴 곳이 시원함을 느낄 때 뇌 코드가 바르게 연결되어 제 역할을 하는 것으로 보면 된다.
- 땅을 디딜 때 발목 인대와 발바닥, 발가락을 뇌가 인지할 때 해당 부위에 에너지가 전달된다. 만약 맨발로 모래 바닥을 밟았을 때 아픔이나 무딤의 차이가 느껴지는가? 그 감각이 차이 나는 만큼

에너지 전달에도 차이가 발생한다. 이런 상황에서는 넘어지지 않기 위해 이 차이를 다른 부위가 보상하게 된다. 몸의 균형은 잘못된 보상만큼 깨지거나 부서지기도 하고 그 나쁜 데이터는 기억 데이터로 쌓여 문제를 일으킨다.
- 발목 회복운동을 할 때 종아리와 오금, 심하게는 허벅지에 당김이 있다면 당김 부위로 서고 걷는 공중에 뜬 상태가 되니 몸이 망가지는 원인이 된다.
- 인체가 바닥을 밟고 서려면 스스로의 힘으로 발목을 밀고 당길 수 있을 때 가능하다. 이때 만약 당기는 각도와 힘이 미치지 못하면 주저앉고 만다.
- 손상으로 발목이 경직되면 뻗정다리를 하고 발끝으로밖에 설 수 없다가 결국은 주저앉게 된다.
- 뇌성마비는 뇌 문제로까지 깊어지며, 발가락으로 서는 단계가 되면 급기야 설 수 없게 된다. 이때 두 발이 교차되는 것을 막을 수 있는 방법이 회복운동이다.

발바닥과 발가락 역할
- 발바닥과 발가락은 발목 인대를 받치는 보조 역할을 한다. 바닥을 밟을 때 뇌가 인지하고 발바닥과 발가락에 부여된 에너지를 보내면 보조 역할을 충실히 하는 것이다.
- 지면을 밟고 서고 걸을 때 뇌가 인지하지 못하거나 인지가 늦으면 에너지를 받지 못한다. 따라서 넘어지지 않기 위해 그 에너지 값을 다른 부위로 보상하게 된다. 그러면 몸의 균형이 깨지거나 무너져 염증과 통증을 일으키며 치료해달라고 신호를 보낸다.

뇌 시냅스의 역할

1. 개요

인류는 신경과학에 대해 많이 알고 있다고 생각한다. 하지만 실질적으로 우리의 지식을 산으로 비유하면 2,000m 높이의 산 중에서 100m 정도 이해한 수준이라고 한다. 그만큼 신경과학은 연구할 내용도 많고 가능성 또한 무궁무진한 분야다.

인간의 뇌에는 1천 개의 신경세포 뉴런이 있다. 각각의 뉴런은 다른 뉴런과 연결되어 신경 정보를 주고받는데 이 연결 부위가 시냅스다. 카이스트 생명공학부 김은준 교수는 시냅스의 형성과 작동 원리를 1995년 세계 최초로 규명한 분이다. 그는 시냅스 단백질 연구로 정신질환 치료의 가능성을 열었다. 시냅스의 한쪽에서 신경 전달 물질이 분비되면 다른 한쪽에서 이 물질을 받아 신호를 전달한다는 것이다. 신호 전달 과정에 1천여 종의 단백질이 관여한다.

1천여 개의 단백질이 우리가 생각하는 것보다 복잡하다는 것에 놀랐다. 20여 개의 단백질을 발견하고 뇌신경 분야의 세계적 권위자다.

시냅스 단백질 GLT1에 이상이 발생하면 주의력 결핍 과잉행동 장애(ADHD)를 유발한다는 주장을 담은 논문을 2011년 「네이처」 메디신(Nature Medicine)에 발표했다. ADHD 증상이 있는 생쥐에게 치료 약물인 암페타민 투여했을 때 비정상적인 행동이 정상으로 돌아오고 비정상적인 뇌파도 정상으로 돌아오는 것을 관찰할 수 있었다.

시냅스는 신경세포(뉴런) 간의 신호 전달이 일어나는 곳이다. 시냅스는 1마이크로미터 크기로 눈에 보이지 않는데 그 안에는 단백질이 수 천 개가 들어 있다. 수 천 개의 단백질이 문제를 일으키면 각종 질병을 발생시키는데 시냅스의 기능 조절을 통한 자폐 치료의 가능성을 제시했다. 2015년에는 「네이처」 뉴로사이언스(Nature Neuroscience)에 발표했으며, 자폐는 조현병(정신분열병)이나 ADHD 등 다른 정신질환과 달리 치료제가 없어 더욱 집중하여 연구하고 있다.

2. 신경정신 질환의 종류

왼쪽 뇌
- 감각, 운동, 수면 부족, 학습과 기억.
- 감각 이상, 파킨슨병, 간질, 수면 장애, 알츠하이머병, 신경과 질환 (Neurological Disorders).
- 신경세포 사멸.

오른쪽 뇌
- 의식, 주의집중, 생각, 의사 결정, 사회성, 감정.
- 인지 장애, 정서 장애, 정신건강과 질환(Neuropsychiatric Disorders).
- 시냅스/신경회로 이상.

3. 정신질환 발생 원인

- 유전: 부모에게서 물려받음, 자연적인 돌연변이.
- 환경: 임신 중 감염, 영양 부족, 약물 노출.

4. 시냅스 유전자 이상과 정신질환

현재 밝혀진 시냅스 단백질은 20여 종이다. 실제는 1,000여 종으로 밝혀짐으로써 치유에 한 발 더 다가가고 있다. 그뿐만 아니라 인체 회복 임상으로 증명되고 있다.

5. 유전자 이상이 어떻게 정신질환을 초래하는가?

생쥐의 시냅스를 이용한 신경회로 연구.

6. 시냅스, 생쥐 그리고 정신 질환

- 뇌 기능: 운동, 감각, 기억, 학습 그리도 정신 작용. 뇌질환은 뇌신

경 질환과 뇌신경 정신 질환으로 분류.
- 시냅스: 신경세포 간의 신호 전달이 일어나는 연결 부위. 시냅스는 뇌를 알아가는 가장 기본 단위.
- 다양한 정신 질환의 연구: 궁극적으로는 정상적인 뇌 기능을 밝히는 연구.

7. 현재의 정신 질환 연구

- 원인(유전/환경) 탐색.
- 원인과 증상과의 인과관계 규명.
- 관련 메커니즘(시냅스/신경회로) 규명.
- 진단/치료제 응용.

※ 시냅스 역할을 발견한 것은 기초과학이 얼마나 중요한지 피부로 알 수 있는 쾌거다. 기초과학 분야에의 투자와 지원 그리고 인력 양성에 국가 발전이 달려 있기에 더욱 집중해야 한다.

의학·과학 정보디지털 통신기술과 회복운동

1. 개요

지구상의 뇌를 가진 존재 중에 인간만이 다른 종을 지배하고 활용하며 살아간다.

의학과 과학의 발전으로 인간의 건강과 생명을 연장할 수 있는 기술이 미래 산업이라고 한다. 현실에 맞게 따라는 가야겠지만 인간 본연의 정체성은 잃어버리지는 말아야 하겠다.

최첨단의 AI 휴먼로봇이라지만 인간처럼 잉태와 출산을 하고 모습도 크기도 지적 수준도 다르게 성장하는 AI 휴먼로봇을 만드는 것은 불가능하다. AI 휴먼로봇도 불안한데 챗봇(chatbot) 등장은 문제가 다르다. 인간도 전쟁을 일으키는데, 발전의 한계를 아직 모르는 챗봇의 진화에 단지 '편안함'이라는 이유로 방임하는 것은 자칫 인간을 멸망으로 몰아갈 수 있다. 모르기에 두려움이 더 커진다.

AI 휴먼로봇을 나쁜 인간이 독점하면 어떤 일이 벌어질까? 로봇이 악용된다면 인간에게 커다란 해를 끼칠 것은 불 보듯 뻔하다. 제어장치 전원을 끄면 된다고 단순히 생각할 문제가 아니다. 인간보다 지식이 월등하고, 우리 삶의 구석구석에 간여하고 있는 로봇이 과연 가만히 있겠는가. AI 휴먼로봇의 기능을 인간의 뇌 시냅스 학습처럼 스스로 회복할 수 있도록 만들면 그 위험은 더 커질 것이다.

한편 손상된 뇌세포와 신경 단절을 이어 기능을 돕는 정도는 수용할 수 있지만 그 이상은 욕심일 것이다. 이러한 연구의 결과를 어려움에 처한 분들 모두가 큰돈을 들이지 않고 누릴 수 없는 것이라면, 남은 짧은 시간 인간답게 살아갈 수 있도록 돕는 것이 더 진실되고 현실적인 것은 아닐까 싶다.

최첨단 로봇 시대는 지척에 다가왔다. 하지만 인간이 추구하는 편안함이 진정한 삶과 자유, 생존을 위협하고 있지는 않은지 깊은 성찰이 턱없이 부족하다. 현재 밝혀진 뇌세포 수는 1천억 개라고 한다. 인간이 먹지도 자지도 않고 평생 동안 헤아려도 세지 못하는 숫자다.

또한 뇌와 관계있는 세포 수와 더불어 중요한 것이 미생물이다. 세계가 인정하는 센터에서 발표한 바로는 65Kg 몸무게를 기준으로 인간에게는 30조 개의 세포와 39조 개의 장내 미생물이 있다고 한다. 이는 PCR 증폭 방법으로 알아낸 것인데 상용화된 지 10년 안팎이다.

우리 몸에는 39조 개의 미생물이 있고 그중에는 유익균도 유해균도 있다. 건강한 사람은 유익균과 유해균이 2대 1의 균형을 갖추고 있다고 한다. 이런 장내 미생물과 뇌는 긴밀하게 연결되고 밀접한 연관성이 있기에 AI보다 더 주목해야 한다.

2. 의학·과학 정보디지털 통신기술 발달의 현주소

회복운동과 뇌 컴퓨터 인터페이스 기술

뇌 컴퓨터 인터페이스(BCI, Brain Computer Interface)란 뇌에서 나오는 전파신호를 이용하여 의사소통 수단을 제공하는 기술을 가리킨다. 이와 관련해 최근 떠오르는 회사로 일론 머스크가 설립한 뉴럴링크(Neuralink)를 들 수 있다.

BCI는 두 가지 추출 방식으로 나뉜다. 외부에 장착하여 간접적으로 뇌파를 측정하는 방식과 머리 안에 센서를 삽입해 정보를 읽어내는 침습식의 방법이다. 현제 파킨슨병과 루게릭병 등에 사용하고 있는 단계로 아직은 연구를 실용화하려는 정도라고 한다.

절차 단계는 신호 측정의 수집된 뇌파 데이터를 가공하는 전산 처리와 형태 추출로 가공된 뇌파를 알고리즘으로 샘플들과 비교 분석된 뇌파 정보를 단말기(컴퓨터, 스마트폰, 웨어러블) 등에 명령을 수행하게 하는 응용 단계라고 한다. 그러나 놀랍게도 회복운동으로 파킨슨병과 루게릭병 등이 회복되는 임상으로 나타나고 있다.

척수 손상으로 마비된 쥐, 신경 회복시키자 다시 걸었다

척수 손상으로 마비된 실험쥐의 다리를 유전자 치료로 회복시켰다는 연구 결과가 나왔다. 향후 인간에게 적용해 손상된 중추신경을 회복시키는 데 활용될 수 있을 것이다. 아래는 〈조선일보〉의 기사를 옮겨온 것이다.

스위스 연방공대와 미 하버드 및 UCLA 공동 연구팀은 유전자 치료를 통해 척수가 손상된 실험쥐의 신경을 특정 부위에 연결해 운동 능력을 회복시켰다고 21일(현지 시각) 국제 학술지 「사이언스」를 통해 밝혔다.

연구팀은 지난 2018년 연구를 통해 실험쥐의 손상된 척수에서 신경세포를 연결해 축삭돌기가 다시 자라도록 하는 유전자 치료법을 개발해 국제 학술지 「네이처」에 발표한 바 있었다. 축삭돌기는 전기화학적 신호를 다른 신경세포로 전달하는 역할을 한다. 연구팀은 당시 연구를 통해 신경세포가 회복돼도 제대로 연결되지 않으면 마비됐던 다리가 움직이는 등 기능 회복으로 이어지지는 않는다는 점을 발견했다.

연구팀은 화학적 신호를 사용해 신경세포의 축삭돌기를 목표 지점으로 유도할 수 있는 기술을 개발했다. 이를 위해 보행에 관여하는 신경세포 그룹을 유전자 분석을 통해 확인하고, 이곳으로 신경이 연결되도록 유도한 것이다. 그 결과 뒷다리가 마비됐던 실험쥐는 다리를 다시 움직여 걸을 수 있게 되는 등 기능이 회복되는 성과를 이뤄냈다.

연구팀은 "쥐가 아닌 큰 동물의 경우 신경세포를 재생해야 하는 구간이 길고 복잡하기 때문에 더 많은 추가 연구가 필요하다"면서 "손상된 척수를 치료할 수 있는 새로운 길을 열었으며 다른 형태의 중추신경계 부상과 질병에 적용될 수 있을 것"이라고 했다.

※ 회복운동으로 회복되는 것도 어떤 상태인지에 따라 한계는 있다. 그렇기에 임상으로 확실한 변화를 보이는 부분에 심도 있는 회복운동 연구가 요구된다.

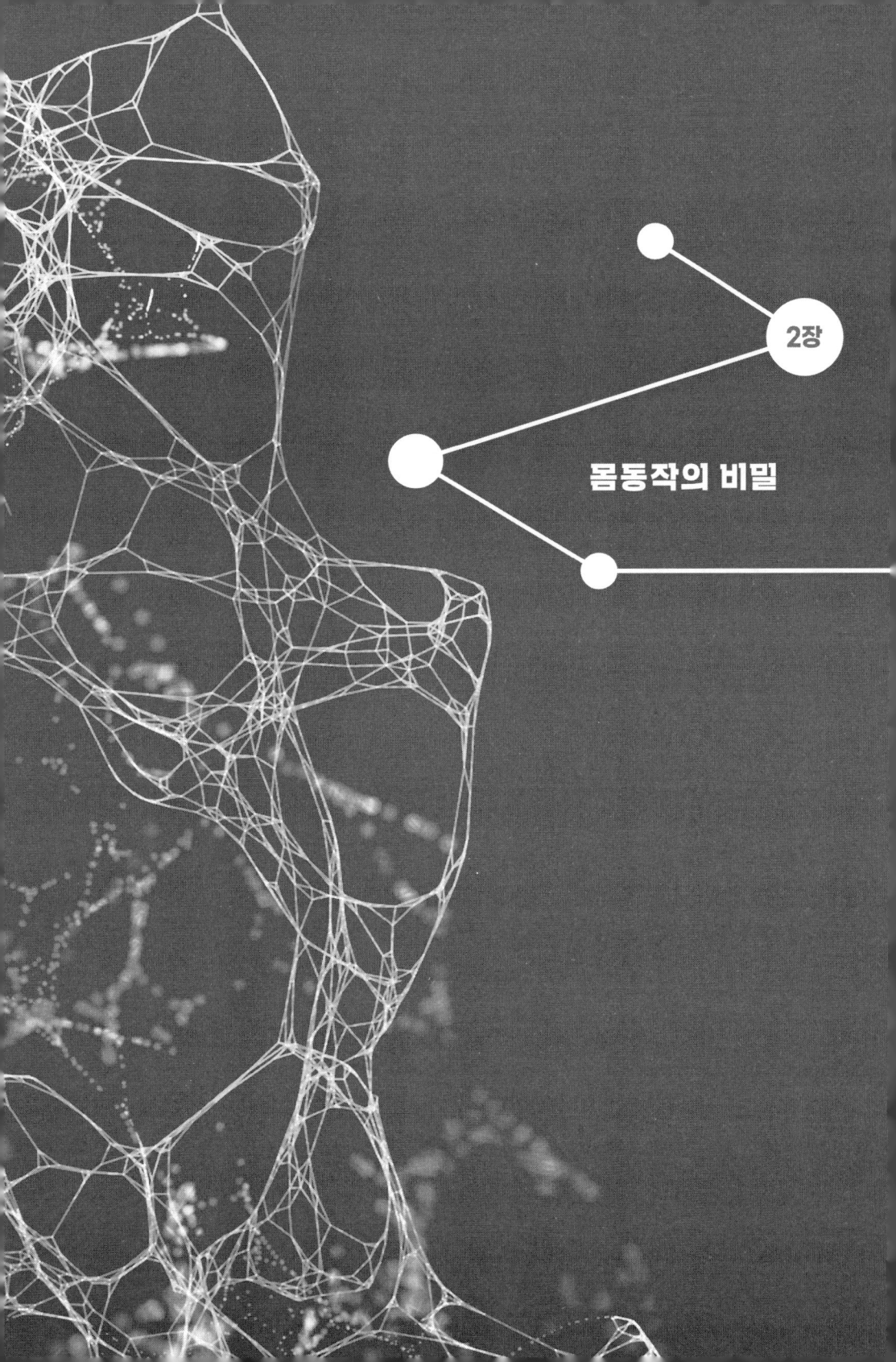

2장

몸동작의 비밀

01

우리 몸의 동작 비밀

1. 개요

　뇌와 인체의 동작 비밀이라고 해서 무슨 특별하거나 거창한 것을 말하려는 것은 아니다. 그동안 뇌세포가 손상되거나 죽으면 회복이 불가능한 것으로 알려져 있었다. 그러나 뇌 시냅스를 통하여 새로운 학습으로 뇌신경 손상과 질병 등이 회복되는 임상 결과가 많았기에 인체 회복 기회를 놓치지 않도록 치료 패러다임의 시급한 전환이 필요하다.

　인체는 성인이 되면 206개의 뼈와 근육, 신경망 등으로 연결되어 서고 걷는 데 더 힘을 갖는다. 서거나 걷지 못하면 문제된 부분을 수술과 약물 치료, 재활운동으로 회복하려고 노력한다. 뇌로 인한 몸동작의 문제를 역으로 뇌 시냅스를 통하여 알리면 뇌 스스로 학습하며 회복하는 길을 찾아간다.

　인간은 생각을 현실에서 경험하고 교육과 훈련 등을 기억하며 판단에 따라 팔다리를 중심으로 관련 뼈와 관절, 근육 등을 이용해 목적을 이룬다. 마음의 판단을 뇌가 실행하고 제어함으로써 각 신체 부위 역할이 제대로 이루어질 때 우리는 일상을 영위해갈 수 있다. 이 두 가지 중 하나만 문제가 되어도 일상생활에 어려움을 겪게 된다.

생명공학의 논문에서 말하는 소뇌 시냅스로 뇌가 학습한다는 임상 결과 역시 임상 회복 방법을 배워 그 방법대로 실행하면 회복으로 나타난다.

2. 뇌의 이해

뇌는 손상되었을 때 유입된 잘못된 정보의 양과 손상 시간에 따라 회복의 정도가 결정된다. 사회 역시 가짜 뉴스라는 것이 밝혀졌음에도 가짜 뉴스를 인정하는 집단과 노출 시간 길이에 따라 바로잡기가 어려운 것처럼 뇌 또한 한번 세뇌된다면 원 상태로 되돌리기 쉽지 않다.

뇌의 지식 정보와 몸이 기억하는 정보 모두 문제가 발생하면 지식 정보는 사라지지만 몸의 기억은 얼마간 남는다. 그만큼 뇌의 영향력은 매우 크지만 몸의 기억도 무시할 수 없으며, 이것을 간과하면 회복 기회를 놓치게도 된다.

뇌 신호보다 긴박해 몸동작이 먼저 앞서면 뇌는 그 정보를 필요 없는 것으로 판단하고 삭제한다. 몸동작 모두는 뇌 데이터로 남게 되는 목적을 이뤘지만, 뇌에는 나쁜 데이터로 남는다. 이런 것들이 쌓이면 문제가 된다. 컴퓨터가 필요 없는 정보를 삭제하고 원래대로 되돌릴 수 있듯이 뇌에서도 잘못된 동작 정보를 삭제하고 학습하여 되돌릴 수 있다. 이것이 시냅스 회복운동이다.

반대로 뇌는 문제가 없는데 만약 발목 인대가 체중을 지탱하지 못하는 상황에서 그 값을 다른 기능을 가진 인체가 보상한다면 무너지거나 깨진 정보를 뇌 데이터베이스에 쌓게 된다. 나쁜 뇌 데이터가 많을수록 뇌를 움직이는 전류 스파크가 일정하지 않게 되고 그 결과 여러 가지 질병과 장애 문제를 야기한다.

그동안 인체 손상은 손상 부위 치료를 우선했지만, 뇌와 관련한 질병과 손상은 직접적인 치료와 더불어 놀랍게도 잔존 뇌를 학습시키면 회복이 빠르고 더욱 안정된다. 뇌와 정반대에 위치한 발목 인대에 소뇌 시냅스 스위치 회복의 키가 있다는 것이 임상 결과다. 이와 관련하여, 인간을 기계적 논리로 볼 수 없는 존재라는 것이 KIST의 생명공학 연구 논문으로 세계 최초로 증명되었고 임상 역시 우리나라가 최초로 시행했다.

3. 몸동작의 근원

시냅스 논문처럼 뇌 회복 문제는 매우 중요한 만큼 뇌 설계도에는 몸동작을 위한 뇌 에너지 역시 각 사람의 부위별 완성 값이 강약의 차이는 있으나 사람마다 10으로 정해져 있다. 이 에너지는 각 신체 부위로 정해진 만큼 전달되어 제 역할을 수행한다.

뇌 질환과 뇌신경 손상으로 뇌에 근본적인 문제가 발생하면 명령 수행이 불가능하게 되거나 오작동을 일으키게 된다. 인간은 직립 보행으로 건강을 유지하고 생활을 영위해갈 수 있도록 신체가 조직되어 있다. 단순히 서고 걷지만 못해도 여러 질병이 발생하는 원인이 되기도 하지만 스스로 생활하기 어려운 것은 채집·수렵 시대나 현대에도 마찬

가지다.

사람을 서고 걷게 하는 데에는 뇌의 평형기관으로 몸의 중심을 잡고 체중과 중력까지 더한 몸을 맨 밑의 발목 인대와 발바닥, 발가락이 제 역할을 해 중심을 잡을 때 안전하고 완전한 동작을 할 수 있다. 뇌의 정해진 에너지 실행을 몸의 중심인 발목 인대와 발바닥, 발가락이 지지하지 못한다면 그 값만큼 발목 위 부위들이 담당하게 되어 문제가 생긴다. 이것이 스스로의 힘으로 발목을 올리고 내릴 수 없으면 서지도 못하고 발을 들고 내릴 수도 없어 걸을 수 없는 이유다.

뇌의 인체 부위별 에너지 상관관계

인간과 동물은 뇌의 각 인체 부위별 정해진 에너지 값이 10일 때 전달받은 만큼 몸을 움직인다. 그동안 부위별 근력과 운동력 회복 재활의 고정관념이 회복의 한계를 만들어왔다. 이는 뇌에 문제가 없는 운동선수들이 뇌의 정해진 값을 최대치로 만드는 근력 강화와는 다르다. 만약 역도 선수가 상체 근력만 키워서 발목 인대 강도가 부족하다면 상체 근력에 비례한 중량을 들어 올릴 수 없다. 하지만 같은 조건에서 몸을 받쳐주는 같은 발목 인대를 강화하면 상체 근력에 비례하게 역기를 들어 올릴 수 있다.

뇌 문제로 정해진 10의 힘을 발휘하기 위해서는 해당 근력을 강화하는 것도 중요하지만 뇌의 정해진 인식 값을 회복운동으로 제 기능을 찾아가게 하는 것이 우선이다. 뇌가 인식하지 못하는 근력만 키우면 오히려 근력이 소뇌 스위치 작동을 방해한다.

뇌 에너지의 전달은 전달을 담당하는 신경에 문제가 없을 때 해당 에너지 10에서 마음의 강약의 결정만큼 해당 부위로 전달된다. 이때 원활하게 전달되지 않는 이유가 뇌 때문인지 신경 때문인지 구분할 수 있어야 한다. 뇌 문제라면 회복운동으로 가능하다. 하지만 신경 문제라면 전달 속도가 늦어질 수 있는데 생각대로 몸이 바로 움직이지 않으니 금세 포기하게 된다.

뇌 또는 신경 문제가 아니라면 관절 경직 등으로 전달되는 힘 부족이 원인일 수 있다. 작동 문제가 생기면 뇌가 아닌 마음이 해당 부위 상부 근력을 사용하게 되는데 본질은 상위 부위에서 사용한 만큼 10에서 제하고 에너지가 전달되기 때문에 근력이 약화되거나 전달 시간이 정체된다.

전달이 미약하더라도 다른 근력을 사용하지 않고 정해진 부위의 순수한 근력을 찾을 수 있도록 집중 반복의 비밀을 알고 회복운동을 해야 한다.

뇌의 근력 동작 회복 활용의 원리

만일 지금까지 보조적 근력 키우기에 전념해 왔다면, 이제는 근력 회복의 부분적인 관점이 아니라 몸 전체적인 관점인 뇌와 근력의 관계에 대한 이해가 필요하다. 인체의 뼈와 근력의 값은 각 사람의 DNA 설계대로 에너지가 전달되어 움직이는데 전체가 아닌 단순히 동작 문제만 해결하려고 하면 회복은 어렵다. 우리 몸의 각 관절과 근육 근력의 동작에 필요한 10의 힘은 이미 정해져 있어 뇌 설정에 따른 근력 회복의 메커니즘에 맞게 활용해야 한다.

반대로 뇌 문제로 발생한 두통으로 나쁜 데이터가 쌓여 넘치면 목 아래 인체에까지 경직이 나타나고 서고 걷는 동작에 문제가 생긴다. 먼저 뇌 때문에 인체에 쌓인 나쁜 데이터가 목 아래 부위에까지 통증과 경직으로 나타날 때는 뇌 회복운동으로 인체에 쌓인 나쁜 데이터를 우선해서 삭제해야 한다.

이때 회복운동으로 소뇌 시냅스가 열려 있는 상태에서 외부 자극을 주는 치료는 오히려 뇌의 나쁜 데이터로 바뀔 수 있어 뇌 회복운동 후 2~3시간이 지나서 시행해야 한다.

통증과 부위 파괴

직립 보행을 위한 몸 중심을 잡을 때에 체중과 중력을 지탱하는 발목 인대, 발바닥, 발가락이 제 역할을 하지 못하면 부족한 값을 상부 뼈, 관절, 근육 등이 대신 보상하게 된다. 이때 무릎 연골이나 고관절, 척추, 목, 어깨 등이 무너지거나 깨져 염증으로 인한 통증을 수반한다.

물론 뇌신경 문제와 부위별 직접 압박이나 과도하게 반복되는 간접 압박이 원인일 수 있고, 장의 유해균으로 인한 염증으로 통증이 유발될 수도 있다. 회복운동으로 중심 지지대가 확실하게 되면 불안정한 자세나 동작에 따른 문제는 줄어든다. 이에 따라 허리 같은 곳에 발생하는 연관 통증들도 발목 인대 강화로 적어지거나 사라진다.

하지정맥류의 원인과 회복

심장의 혈류가 온몸을 흐르며 영양과 산소를 공급하는 통로가 혈관이다. 선 상태에서 심장에서 온몸에 혈액을 공급하려면 막대한 동력이 필요한데 심장의 펌프질에 중력의 힘까지 더하여 혈액이 발가락 끝까지 내려갔다가 심장까지 올라온다. 의학적으로 여러 원인을 들 수 있지만 임상을 해보면 그 동력원으로 발가락이 중요한 역할을 하는 것을 알 수 있다.

하지정맥류의 회복운동으로 혈관이 들어가면 통증이 사라지는 것을 확인할 수 있다. 하지정맥류는 몸을 움직이는 것은 노동과 운동이 같다지만 노동의 경우 대부분 나쁜 자세로 서거나 앉아서 장시간 일하기 때문에 발목과 발가락 운동이 없어 나타나는 것으로 여겨진다.

또한 발가락 신경이 무뎌 뇌가 인지하지 못하면 발가락에 동력 에너지를 주지 않아 걷기운동을 한들 혈액이 심장까지 거슬러 올라갈 수 없어 혈액이 정체되어 발생한다.

발가락을 위아래 손톱으로 눌러보아 바로 앗! 하고 느낄 정도가 아니면 뇌는 인지하지 못한다. 그래서 해당 에너지를 주지 않는 만큼 혈류가 정체된다. 뇌가 인지하지 못할 때는 발톱 반대 부위에 위치한 신경줄이 발가락 골짜기로 빠져 있는 경우로 해당 발가락에 에너지를 보내지 않게 된다. 우리가 생활하기 위해서는 서고 걸어야 하는데 이런 상태에서는 혈류가 더 정체될 수밖에 없어 병세가 악화된다. 하지만 기본 회복운동 임상으로 해결되는 것을 확인할 수 있다.

늙어 죽을 때까지 걸을 수 있다

노화로 보행에 문제가 생겨서 심해지면 와상(臥像)마비 상태가 된다. 뼈와 관절, 근육의 문제로 서고 걸을 수 없게도 되지만 인체는 죽을 때까지 서고 걸어야 스스로 생존이 가능하기 때문에 어떻게든 서고 걸을 수 있게 만들어졌다는 것을 임상을 통해 알 수 있다.

심한 골다공증이나 골절, 고관절 문제로 완전히 제 역할을 못 할 정도가 아니라면 회복운동으로 발목 인대 수축을 막고 발바닥과 발가락 에너지를 찾아주어 소뇌 시냅스를 통해 뇌가 인지할 수 있게 해주면 나이와 관계없이 서고 걷는 데 문제가 없다.

결론

　뇌는 몸 전체의 동작에 관여하여 서고 걷고 중심을 잡고 활용할 수 있게 한다. 노화나 손상의 경우에도 뇌와 정반대에 위치한 발목 인대와 발바닥, 발가락이 기초가 된 회복운동으로 소뇌 시냅스를 매개로 정상적인 뇌 학습을 통해 회복이 가능하다.

　뇌 기능을 정상으로 회복하는 시냅스 회복운동은 퇴직, 의료비, 노후 복지 등 사회의 각종 복지제도에도 영향을 준다. 그렇기에 회복운동은 일과 여행 등 스스로 생활하다 죽음을 맞이할 수 있게 해주는 전 인류에게 하늘이 주신 최대의 선물이라고 생각한다.

인대 수축과 근력 감소 위험성

1. 개요

    뇌가 손상되거나 몸의 각 부위 근육이 내·외적 문제로 감소하면 치료가 어려운 질병이나 여러 가지 장애로 나타난다. 직접적인 뇌신경 손상은 뇌의 신호 전달에 문제를 야기하며 대표적으로 팔다리 근육 수축으로 시작되어 뼈 변형을 초래한다.
    뇌신경에 손상을 입었을 시에 발목 인대 수축을 막지 못하면 근육과 관절, 뼈가 변형되어 회복에 큰 걸림돌이 된다. 직립 보행을 위해서는 뼈와 근력이 필요하지만 발목 인대가 수축되면 서고 걷는 것조차 어렵게 된다. 대부분의 신경 손상은 근력 감소로 이어진다.
    스스로의 힘으로 발목을 밀고 뻗을 수 있을 때 서고 걸을 수 있다. 하지만 살이 찌면 발목 각도가 짧아져 회복운동에 도움이 안 된다. 게다가 발목 수축이 발 관절들을 끌려 올려 발을 안쪽으로 휘는 변형을 일으킨다. 이렇게 되면 발로 지면을 온전히 딛지 못해 상부로 수축이 가속화된다.

발목 인대는 모든 동작의 기본 값이다. 만약 스스로의 힘으로 발목을 올리고 뻗을 수 없으면 몸무게와 상관없이 설 수 없게 된다. 기본 회복운동이 매우 중요한 이유가 이 때문이다.

근육의 재료는 단백질이고 단백질의 구성에는 아미노산 20가지가 포함되어 있다. 노화의 과정에서는 탄수화물과 단백질, 지방 등의 균형이 중요하다. 하지만 음식과 운동으로 노화를 늦추는 것과 뇌신경 손상으로 인한 발목 인대 수축은 전혀 다른 문제다. 그렇기에 재활에서 발목 인대는 제일 먼저 집중해서 치료해야 한다.

발목 인대 수축으로 야기된 뼈 변형은 회복운동으로 소뇌 시냅스 스위치를 켜고 신호를 전달하는 과정에 최대 걸림돌이 되어 제자리로 돌아가는 시간만큼 회복이 늦어진다. 엎친 데 덮친 격으로, 운동을 못 하게 되면 지방이 축적되고 그에 따라 다리 부위에 살이 찌면 회복운동의 시냅스 신호 전달을 막는 걸림돌이 된다. 요약하면 다음과 같다.

- 뇌신경 손상은 근육을 수축하게 만든다.
- 근육 수축은 뼈 변형으로 이어진다.
- 몸을 지탱할 수 있는 뼈와 근력이 되어도 발목을 끌어들이고 밀어낼 수 없으면 설 수 없는데 제일 먼저 수축이 시작되어 몸의 중심이 상부로 올라가 무릎뼈까지 가슴 부위 쪽으로 말아 올라가게 된다. 노인 병원이나 요양원 등에서는 무릎이 가슴 위까지 올라가신 분들을 볼 수 있다.
- 발목 밀기와 뻗기 동작과 뇌 메커니즘을 이해하고 평상시 발목

인대 수축을 막는 것이 전체 근육 수축을 막는 근간이 된다.
- 누워만 있는 분들에게 서고 걷는 운동을 대신할 수 있는 운동이 회복운동이다.

03

두 다리의 역할

1. 두 다리의 기능

　몸을 지탱하고 서고 걸을 수 있는 기능을 하는 신체의 전부를 다리라고 해도 틀린 말이 아니다. 인체에서 가장 큰 뼈와 근육, 관절도 다리에 있다. 인체의 뼈와 근육은 50%가 두 다리에 있고 마찬가지로 신경과 혈관, 혈액의 50%가 두 다리를 지난다. 또한 우리는 생활을 위해 이동해야 하기 때문에 두 다리로 70% 에너지를 사용한다.

　체중을 지탱하는 다리 근육을 유지하기 위해서는 규칙적으로 걷는 것이 긴요한데, 규칙적인 걷기는 심장을 튼튼하게 한다. 만약 노인이 대퇴 골절이 되어 걷지 못하면 1년 내에 사망할 확률이 15%가 된다. 결국 다리가 서고 걷고 이동하는 역할만 하는 것이 아님을 알 수 있다.

　규칙적인 운동이 건강과 노후 생활에 필수적이라는 것은 상식이다. 그러나 서고 걸을 수 없는 장애가 있거나 와상마비 환자들은 어떻게 해야 할까? 서고 걷고 뛰는 역할로 뇌와 인체를 새롭게 할 수 있는 방법이 기본 회복운동이다.

2. 서고 걷게 하는 비밀

서고 걷는 데 가장 중심이 되는 곳이 다리의 어느 부위인지 물으면 튼튼한 뼈와 근육, 유연한 관절이라고 말들을 한다. 물론 틀린 말은 아니지만 정답은 아니다. 중력과 체중을 받치고 서고 발을 들어 올릴 수 있게 하는 것은 발목 인대가 중심이고 발바닥과 발가락이 보조 역할을 담당한다. 뼈도 근육도 아니고 눈에 보이지도 않는 발목 인대라는 말이 믿어지는가? 스스로의 힘으로 발목을 들어 올리는 각도와 힘으로 체중을 버티고 서고 발을 들어 올릴 수 있다. 뇌졸중으로 편마비가 오신 분들의 걷는 것을 관찰할 때 발목을 힘 있게 들어 올리고 내리는 각도만큼 걸을 수 있는 것을 보면 쉽게 알 수 있다. 발목이 제값을 못 하면 그만큼 고관절로 돌려 대신한다.

또한 심장 펌프질과 중력 가속도까지 더하여 발가락 끝까지 내려온 혈액을 심장까지 높이 올리는 동력은 발가락이 주된 역할을 한다. 이때 발목과 발바닥은 보조 역할을 한다.

100Kg이 넘는 여성이 하이힐을 신고 캉캉 춤을 출 수 있는 것도 발목 인대와 유연성 덕분이다. 발레 공연을 하는 분들은 발가락 힘만으로 돌고 뛰고 날아 착지도 한다. 이렇듯 발가락은 체중을 지탱할 정도로 생각보다 훨씬 강하고 세다.

3. 발목 인대는 소뇌 시냅스의 스위치

발은 회복운동에서 가장 중요하다. 발 역할의 가장 큰 비밀은 회복운동으로 발끝에서 경추 전각까지 모든 인체 정보를 스캔해 운동을 주로 담당하는 소뇌 시냅스를 통하여 퍼킨지 세포의 회복 변화와 내부 문제를 해당 뇌세포에 전달해 해당 뇌 부위 회복 시스템을 작동한다는 것이다.

두 발의 뼈와 근력이 좋아도 발목 인대가 주어진 값을 담당하지 못하면 중심을 잡지 못한다. 그러면 넘어지지 않기 위해 발목 위 무릎, 고관절, 척추, 어깨뼈 등이 그 역할을 대신하다 도미노 현상처럼 무너지거나 뒤틀리거나 깨지게 된다. 발목 인대 역할을 대신하다가 디스크 등 제2, 제3의 문제로도 이어진다.

건물의 기초가 흔들리면 금이 가고 부서진 곳을 수리하면 또 금이 가곤 하는데 이때 건물이 기울어지는 것을 막기 위해서는 기초를 튼튼히 잡아줘야 한다. 이런 이치와 회복운동의 이치는 같다. 수술 후 회복운동을 하면 병세의 재발을 막아주는 이유가 바로 기초를 잡아주기 때문이다.

반대로 두 다리 기능은 완전한데도 장애가 나타난다면 그 원인은 뇌와 신경에 있다. 위 두 가지 문제를 바로 잡기 위해서 손상된 뇌 기능을 회복운동을 통해 뇌 학습으로 새롭게 회복하는 것이다. 그뿐 아니라 회복운동을 하면 면역력 약화와 인체 불균형을 바로 잡아 신진대사 등의 회복으로도 이어진다.

목과 어깨의 역할

1. 개요

그동안 머리와 척추를 잇고 있는 목의 중요성에 대해 무관심하게 살아왔다. 목은 뇌와 척추, 척수신경, 목 정·동맥, 척추정맥 등 신경과 혈액을 공급하는 혈관들을 근육으로 감싸고 어깨로 지지해 준다. 매우 중요한 부분인데 소홀히 대해왔다.

목 부분인 경추 뼈가 압박을 받아 척수신경과 척추정맥이 손상되거나 눌리거나 끊기면 전신마비가 되기도 하고 정도에 따라 팔다리 기능의 저하와 통증 유발로 일상생활이 어렵게 된다. 목운동을 자주 바르게 해야 하는 이유가 여기에 있다. 몇 가지 목 동작만으로도 신경 전달과 근력 회복, 혈액순환 등 스스로 건강을 지키는 데 큰 도움을 준다.

2. 재활 정보

나쁜 자세로 오래 있다가 거북목이 되면 척추신경을 자극하여 여러 곳이 저리거나 무감각해지고 통증도 느끼게 된다. 몸의 중심축의 기반인 발목 인대와 발바닥, 발가락 근력이 부족하면 안전하게 서기 위해서 시각적으로 삼각형을 만들려고 고개가 숙여지고 등이 굽어진다. 이 상태로 서고 걷게 되면 머리가 목 근육을 압박하게 된다.

거북목은 발목 인대 수축을 가속화하는 데도 영향을 미치기에 목 운동은 반드시 필요하다. 또한 좀 더 바른 자세는 관련 질병의 예방은 물론 어깨와 목, 등에 연결된 근육을 강화해 뇌 균형에도 도움이 된다.

처음 해보면 어지럽고 속이 매슥거리고 머리가 아프기도 하는데, 몇 번 반복해 보면 이런 증상이 대부분 사라진다. 물론 같은 증상이 계속 되면 진료를 받아보기를 권한다.

목을 가볍게 돌려보면 뚝뚝 소리가 날 것이다. 이는 이탈되었던 뼈들이 제자리로 돌아가는 소리로 소뇌와 경추 연결을 바로잡아 신경 전달과 혈액순환을 원활하게 하는 효과도 있다. 그 외 잇몸 질환과 기억력 향상, 시력 개선 등 여러 가지에 이롭다.

목 부분을 받치고 있는 양쪽 어깨가 무너지면 무너진 쪽으로 머리 역시 기울게 되는 것을 바로잡는 데도 도움이 된다.

방법
- 1. 도리도리, 2. 좌우로 회전, 3. 앞뒤로 힘주어 밀기, 4. 좌우 옆으로 반대편 목을 지지하고 반대편 머리를 미는 스트레칭.
- 어깨 한쪽 들기, 어깨 양쪽 들기, 어깨 앞뒤로 돌리기, 어깨 뒤로

젖히기 등을 시행한다. 횟수는 능력에 따라 자주 반복해도 된다. 목과 어깨 운동을 일상화하는 것이 건강을 지키는 데 도움이 되고 질병에 걸렸거나 손상된 분들은 기본 회복운동 후 반드시 자주 해주어야 한다.

- 아래턱을 이용해 목과 가슴 근육 끌어올리기를 한다. 아래턱에 힘을 주며 양쪽으로 입술과 양볼 쪽을 힘을 주면 목과 밑 근육들이 끌어당겨진다. 위 동작을 하면서 입을 상하좌우로 크게 벌리고 눈도 크게 떴다가 감는 동작도 자주하면 도움이 된다.
- 어깨 돌리기는 왼쪽 오른쪽 각각 돌리기와 양쪽 어깨 돌리기, 엇갈리게 돌리기와 양쪽 어깨 들었다 내리기 동작이 있다. 편안한 자세에서 양쪽 어깨에 힘을 주어 가슴을 내밀며 뒤로 젖히는 동작도 반복한다.

목 디스크 예방과 교정 치료

고개를 숙이고 일을 해야 하는 분들과 컴퓨터나 핸드폰을 장시간 사용하거나 독서를 할 때는 꼭 목을 스트레칭할 것을 권한다. 목 디스크를 앓고 있는 분들은 필수적이다.

팔다리 통증과 경직 등으로 생활하는 걸 어려워하다 목 디스크가 발생해 수술을 하게 되는 경우가 많다. 수술에 앞서 교정 치료 방법인 스트레칭을 최대한 실행하기를 권한다. 목 스트레칭은 대부분의 장애인이 갖기 쉬운 목 디스크를 예방하거나 교정하기 위해 더욱 필요하다.

- 원인: 목 디스크의 원인은 목에 압력을 주는 나쁜 자세가 원인인데 그 주된 이유는 컴퓨터 기기, 핸드폰 등 디지털기기의 과도한

사용이다. 눈으로 뭔가를 응시하는 동안 목 주변의 근육이 힘을 쓰는데 목 디스크를 살짝 누르는 힘이 오래 가면 디스크가 찢어질 수 있다. 이럴 때는 30분간 눈을 감고 쉬라고 한다.

- 증상: 경추 5, 6번 통증은 목에서 느끼는 것인지 가슴 부위에서 느끼는 것인지 뇌가 인지하기 어렵다. 어깨 쪽 근육이나 가슴에 통증이 느껴지거나, 눈과 귀가 아프거나 이명이 들리거나 어지럽거나 목구멍이 아플 수 있는데 이것을 '연관통'이라고 한다.

- 자세 교정 치료: 양어깨를 뒤로 하여 등 뒤 견갑골이 붙을 정도로 젖힌다. 고개는 벽과 청장이 만나는 지점을 응시하는 정도로 드는 게 좋은데 2~3초 간격으로 3~5회 정도 해준다. 고개를 너무 뒤로 젖혀 척추 동맥을 누르게 되면 어지럽거나 심하면 뇌졸중도 일으킬 수 있으니 조심해야 한다.

(EBS건강 서울대 정선근 교수가 알려주는 목 디스크 치료운동 참고)

05

입·코와 혀 운동과 치아 관리

1. 개요

얼굴은 얼핏 단순하게 구성된 듯하나 우리의 생존을 위해 필수적이다. 입과 눈은 보고 말할 수 있게 할 뿐만 아니라 코는 호흡하게 하고 입은 에너지원인 음식을 씹어 넘길 수 있게 한다. 특히 음식을 먹을 때에는 치아와 혀 등이 중요한 역할을 한다. 우리는 손상을 입고 나서야 필요성을 절감할 뿐 평소에는 필요한 회복을 위해 특별한 관리나 운동조차도 하지 않는다. 미모 관리는 나중에 해도 늦지 않다.

뇌 손상으로 인한 호흡 재활은 호흡을 위해 필요한 입 근력과 혀와 치아 운동이 기본이다. 우리가 호흡 재활 운동의 중요성에 대해 무심했던 것처럼 씹고 말하고 숨을 쉬는 데에 입 근육과 코와 혀 동작 역할이 무엇보다 중요한 것에 비해 그에 맞는 운동이 특별히 없다. 음식을 잘 씹을 때 나오는 호르몬이 소화를 돕는다고 하는데 삼키지 못하니 유동식을 하게 된다. 물론 삼킬 때 식도가 아닌 기도로 넘어가 생명이 위험해지는 것을 방지하기 위해 어쩔 수 없는 이유가 크다.

말하고 씹고 마시고 호흡하는 근육과 치아와 혀 등도 발목 경직과 무관해 보이지만 회복운동을 해보면 턱의 상악과 하악, 혀 등의 움직임을 돕는 치아와 주위 근육 움직임도 큰 영향을 주는 것을 알 수 있다.

2. 회복운동

발목은 신체에서 얼굴과 멀리 위치해 있다. 일견 서로 관련이 없을 것이라 생각이 들지만, 발목이 수축되어 경직되면 목과 턱 근육 등이 영향을 받아 서서히 얼굴 경직으로 이어진다.

기본 회복운동 후 목 돌리기와 목 스트레칭, 입 크게 벌리고 턱 좌우 상하로 비틀기, 혀 굴리고 돌리기, 혀 내밀면서 소리내기 등의 운동이 필수다. 또한 코로 들여 마시고 입으로 내뱉는 복식 호흡을 수시로 해줘야 한다.

얼굴을 예쁘게 꾸미는 것도 중요하다. 하지만 얼굴에는 눈, 치아, 혀, 코, 입, 턱, 귀, 식도 등 생활과 생존을 위해 필수적인 기관들이 모여 있기에 더욱 안전하고 용이하게 활용할 수 있도록 관리해야 한다.

얼굴 관리도 중요하지만 식도와 턱 등 음식물을 삼키는 데 도움을 주는 근육들이 좀 더 쉽게 소화할 수 있도록 음식을 씹는 역할을 하는 치아를 잘 관리해야 한다.

복식 호흡을 하면 심장 근육과 목 근육이 강화되는데 이를 통해 음식물이 기도로 넘어가는 것을 예방해 준다. 그렇기에 복식 호흡을 통한 운동도 자주 해주어야 한다.

회복운동의 장점

입 운동은 뇌 건강, 수면의 질 향상, 구강 건강 유지 등 다양한 이점을 제공한다. 일상에서 간단히 실천할 수 있는 입 운동은 건강한 생활 유지에 좋다.

- 뇌혈류 증가: 입 운동을 통해 뇌로 가는 혈류가 증가하며, 이는 뇌 건강에 긍정적인 영향을 미친다.
- 안면 근육 강화: 안면 근육과 입 근육의 활동량을 증가시켜, 잠잘 때 입을 다물게 하는 등의 효과가 있다. 이는 수면의 질을 향상해 준다.
- 침샘 자극: 입 운동은 침샘을 자극하여 구강 내 환경을 개선하고, 구강 건강을 유지하는 데 도움을 준다.

방법

- 입 안 부풀리기: 입 안을 풍선처럼 부풀렸다가 숨을 내쉬며 입을 오므리는 운동을 하루에 여러 번 실시한다.
- 혀로 입 안 굴리기: 이는 안면 근육을 강화하고, 침샘을 자극하는 효과가 있다.

06 피부의 역할과 미용 효과

1. 개요

피부는 인체 보호에 매우 중요한 부분이다. 피부 관리 약품과 기능 식품 등이 새로 개발되며 글로벌 시장은 나날이 성장하고 있다. 하지만 산업화된 제품을 사용하는 것이 만능은 아니다. 그에 앞서 우리는 피부를 건강하게 관리하고 보호하는 방법을 바르게 알고 있어야 한다.

피부가 제 역할을 못 하면 우리는 일상생활이 불가능할 정도가 된다. 그만큼 피부는 중요하다. 그렇기에 피부에 문제가 발생했을 때 전문 의료 정보를 통해 전문의의 진단을 신속히 받을 수 있도록 의료 자료를 알아둘 필요가 있다. 전문 의학 정보는 병원 자료실을 찾아보면 손쉽게 얻을 수 있다. 다행히 약품과 기능 식품이 아닌 회복운동으로 건강하고 새로운 피부로 개선할 수 있다.

2. 회복운동과 피부 미용

　미용 관련 약품과 용품들은 식약청 인증을 받은 것을 권한다. 그러나 이는 건강한 피부를 만들고자 하는 일과는 구별된다.
　아기들의 피부를 보면 부드러우면서도 탄력이 넘치며 깨끗하고 곱다. 우리는 노화에 따라 피부에 탄력을 잃고 검버섯 등이 피는 것조차 당연하게 받아들인다. 일각에서는 미용 시술이 활발하여 보톡스 주사 등의 여러 가지 방법을 이용하기도 한다.
　회복운동은 소뇌 시냅스를 통해 피부 및 관절 등 모든 인체의 문제를 뇌세포에 알리며 이를 통해 뇌의 회복 기능이 가동되게 한다. 기본 회복운동으로 발가락 끝에서 혈액순환을 통해 피부 세포의 혈액 찌꺼기까지 심장으로 되돌리고, 새로운 뇌 학습으로 개선되는 것을 임상을 통해 볼 수 있다.

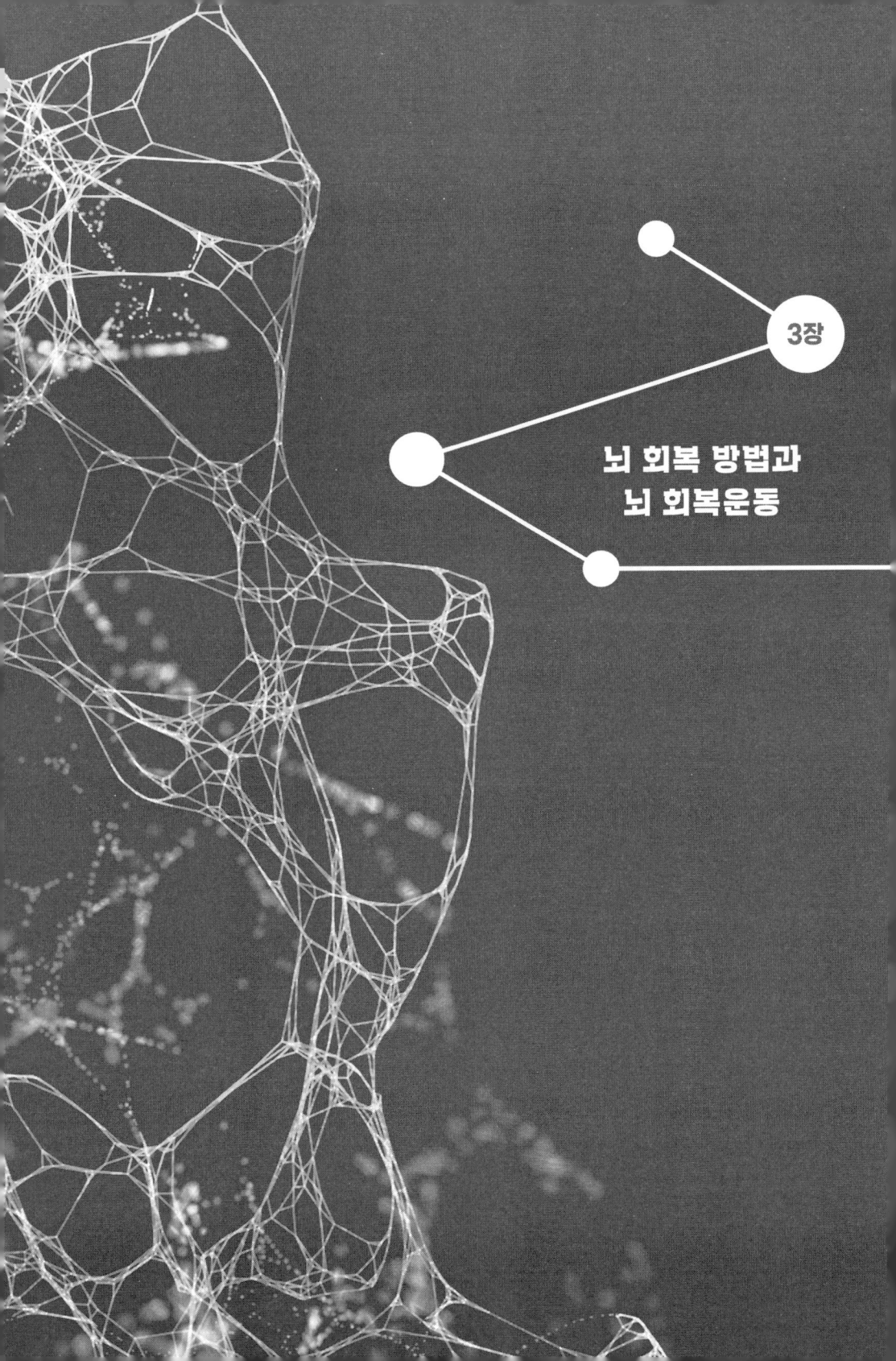

3장

뇌 회복 방법과 뇌 회복운동

뇌의 자연 노화와 손상 예방 및 건강 회복

1. 노화

인간은 노화와 죽음을 막을 수 없다. 하지만 각종 질병으로 인한 장애를 회복할 수 있는 뇌 시냅스 학습이 회복운동 임상으로 확인되고 있다. 운동 부족과 나쁜 식습관으로 건강을 관리하지 못하면 결국 건강을 잃게 된다. 이는 일상생활을 어렵게 하는 장애로 남아 사회와 격리되는 원인으로까지 이어진다.

뇌는 생물학적으로 인격을 갖춘 존재다. 만약 인간의 생존과 회복이라는 명목으로 유전자 설계도에 기계적으로 접근한다면 인간 스스로 위험에 처하게 될 수 있다.

2. 노화 요인

- 치아가 없거나 상하여 씹지 못해 만들어지는 소화력 부족과 뇌 영양 부족.
- 몸 근력과 세포에 필요한 단백질 부족.
- 건강을 해치는 음식과 혼탁한 산소 흡입으로 장기들의 혈류 저해.
- 과도한 노동과 운동 후 휴식 부족과 수면 부족.
- 서고 걷지 못해 사회생활 미비로 인간관계 결여.
- 사회 변화 적응력 부족, 경제적 어려움, 독거 생활의 외로움 등 정신적 스트레스.

3. 노화로 나타나는 장애

- 뇌 손상으로 인한 뇌졸중, 인지 장애, 치매 등.
- 치아 문제와 시력, 청력 문제.
- 근육 소실, 관절 손상과 변형, 감각 소실.
- 걷긴 걷는데 한쪽 발을 끌며 다닌다.
- 서고 걷는데 발에 감각이 무디거나 아무런 감각도 없다.
- 벽을 기대거나 잡고 걷다가 몇 걸음 내딛다가 앉아야 한다.
- 서지 못하니 엉덩이로 밀고 다닌다.

4. 노화 예방과 건강 회복의 비밀

인간은 직립 보행하는 존재로 서고 걸으며 다양한 동작을 할 수 있어야 뇌 활동도 촉진된다. 서고 걷지 못하면 뼈 변형과 관련된 근육과 인대 수축 문제가 발생해 뇌 활성화도 줄어든다. 더욱이 눈에 보이지 않는 뇌와 신호를 전달하는 신경과 관련해서 무심히 넘기다 문제가 되었을 때 치료하려 해도 늦을 때가 많다. 인간의 뇌와 내부 장기, 뼈와 근육의 건강을 지키는 비밀은 서고 걷게 돕는 기본 회복운동에서 찾을 수 있다.

몸의 동작, 제어 등 뇌 문제는 일순간 모든 것을 멈추게도 하지만 기억을 사라지게도 한다. 뇌가 손상되거나 멈추게 되면 장애로 남아 스스로 생활하기 어렵게 된다. 그만큼 중요한 뇌인데 한번 손상되면 돌이킬 수 없는 것일까? 뇌가 노화되거나 손상되면 회복할 수 없는 것으로 알았으나 다행히도 소뇌 시냅스 스위치로 깨워 뇌 학습을 하면 회복하게 할 수 있다. 그 비밀을 간직한 부위는 뇌와 정 반대에 위치한 발목 인대와 다리에 있다.

소뇌

소뇌는 골격근 운동을 조절하고 특히 몸의 균형과 동작을 계획하고 실행하는 곳이다. 소뇌에 입력되는 정보 중에 근육 긴장도와 근육 길이 변화를 고유 감각이라고 한다. 소뇌는 고유 감각 정보를 운동 피질과 그물 형성체, 적색핵, 전정핵으로 출력한다. 운동 피질과 뇌간 신경핵들은 모두 하위 운동신경의 원인으로 척수 전각의 알파와 감마운동 신경세포와 시냅스는 서로 맞닿아 정보를 전달한다. 여기서 시냅스란 두 신경세포 사이나 신경세포와 분비세포, 근육세포 사이에서 전기적 신경 충격을 전달하는 부위를 가리킨다(KIST 생명공학 자료 참조).

소뇌 시냅스 스위치 작동법

생명공학 논문들은 소뇌 시냅스에 전류와 빛을 비추면 학습한다는 것을 증명하였다. 그러나 놀랍게도 뇌에 직접적으로 전류와 빛을 비추지 않고도 인체 부위에서 소뇌 시냅스 스위치 역할을 하는 곳의 회복 운동을 통해 뇌가 회복되는 것을 임상을 통해 알게 되었다.

회복 동작에는 재활 병원의 발목 밀기(돌시플랙션)과 발목 뻗기(플랜타플랙션), 발 들어올리기 동작이 있으나 이는 발목 경직을 막고 회복을 기대하는 정도로 회복 개념과는 여러 의료 논리에서 차이가 있다.

회복운동은 뇌 메커니즘 이해와 교육, 훈련으로 체득되는 힘의 강도와 시간 대상자의 질환, 특성, 나타나는 상태 등을 종합적으로 고려해서 강도와 횟수 등을 설정해야 한다. 이는 고도의 감각 기술로 반복적 학습을 통해 오래 경험할수록 회복 효과도 달라진다. 그 방법이 간단해 누구나 배우면 실행할 수 있다.

5. 노화 방지를 위한 회복운동

요즈음 맨발 걷기 운동이 대유행이다. 걷기가 건강과 삶을 풍요롭게 한다고 해서 갖가지 방법의 맨발 걷기를 한다. 인간은 척추동물로 적절하게 직립 보행을 하고 적당한 햇볕을 쬐며, 적절한 운동을 할 때 뇌가 활성화된다는 게 상식이다. 그렇기에 걷기의 효과는 굳이 말하지 않아도 될 것이다. 그러나 걷기의 효과를 아무리 외치더라도 몸을 거동하는 것조차 힘든 분들에게는 그림의 떡과 같다.

운동 부족과 잘못된 식습관은 몸 안의 독소를 만들어 면역력을 떨어지게 한다. 또한 뇌의 활성도와 뼈의 밀도, 근력의 강도를 약하게 하고 호르몬 변화와 대사 문제 등 건강과 생활 문제를 야기한다(식습관과 관련해서는 장내 미생불편을 참고하라).

생명공학의 소뇌 시냅스 스위치 역할을 하는 부위는 발목 인대다. 맨발 걷기 운동이 암 치유 등 건강에 도움을 주는 이유도 이 때문인데, 발목과 가까운 곳인 발바닥을 자극해 시냅스에 영향을 주기 때문이다.

기본 회복운동은 두 사람만 있으면 어디서나 할 수 있어 아침저녁 2~3회만으로도 생활 속에서 만들어지는 나쁜 데이터를 삭제하고 더 건강한 삶을 살아갈 수 있게 해준다. 노화와 뇌신경 손상으로 서고 걷지 못하는 분들의 걷기 운동을 대신할 수 있는 유일한 방법이다. 체중과 중력을 받치는 발목 인대 근력과 유연성이 부족하면 신체 부위가 무너지고 깨지는데 이를 보강할 수 있는 방법이 기본 회복운동이다.

기본 회복운동은 질병을 예방하고 손상을 받은 뒤에도 인체 회복을 손쉽게 할 수 있게 해준다. 이를 통해 노화로 약해진 면역력을 강화하고 건강을 회복할 수 있도록 회복 교육과 실행 방법을 널리 알려 행복한 일상을 보낼 수 있도록 해야 한다.

회복운동 방법과 인체 회복과 뇌 이상 징후

1. 개요

 뇌 질환을 정확하게 진단하는 것은 치료에 큰 도움이 된다. 발병 전조 증상을 알면 빠르게 조치를 취할 수 있어 생명을 구할 수 있을 뿐 아니라 장애 정도를 줄일 수 있다.
 뇌가 자신의 동작 의지나 상대방 지시에 맞는 동작 반응을 할 때 정상 상태로 여긴다. 그럴 때 뇌의 주인 역할을 하는 것이다. 전조 증상 대처로 뇌 질환의 치료와 예방에 도움이 되지만 이는 회복을 담보해 주는 것은 아니다.
 마음과 뇌를 우리는 어떻게 구분해야 할까? 뇌와는 다르게 마음이라는 장기는 눈에 보이지 않는다. 그렇기에 마음과 뇌의 구분을 분명히 하지 않은 채 애매하게 지내왔다. 그러나 뇌는 스스로를 죽게 할 수 없지만 마음은 스스로의 죽음을 선택하고 실행할 수 있다. 즉 뇌의 주인은 마음이 되는 셈이다.

뇌 질환과 뇌 손상 등의 심각 정도는 기본 회복운동 후 나타나는 반응을 보고 알 수 있다. 그 반응에 따라 자신의 뇌가 자기 것인지 뇌의 것인지 구분된다. 회복운동을 해보면 두 다리 기능에 나타나는 징후로 척추와 뇌 상태를 각각 알게 된다.

뇌 질환이나 뇌 손상과 전혀 상관없는 일반인들 역시 뇌의 나쁜 데이터가 쌓여 질병으로 전환될 수 있다. 반면에 뇌의 데이터를 바로 잡으면 예방하고 회복할 수 있다.

회복운동을 할 때는 반드시 다음 사항에 주의해서 실행해야 한다. 먼저 반복해야 한다. 회복운동으로 질병과 몸동작 기능들이 정상으로 회복되기 위해서는 뇌세포에 학습되어 각인될 때까지 반복해야 한다.

또한 무리하게 활동하면 안 된다. 회복운동을 하면 대부분 빠르게 회복하게 되어 기쁜 마음에 하고 싶었거나 미뤄둔 일을 하게 된다. 하지만 이때 바로 움직이거나 활동을 하면 안 된다. 회복운동으로 뇌가 완전히 자리 잡기 전까지는 건강했을 때 했던 움직임을 되도록 절제하고 쉬어야 한다. 활동을 시작하는 기간은 사람마다 다르지만 객관적인 시행자의 결정에 따르는 것이 좋다.

2. 기본 회복 동작

뇌 활성화로 뇌와 팔다리 마비의 감각과 운동 기능을 회복시키기 위해서 가장 근간인 시냅스를 자극할 수 있는 동작으로는 돌시플랙션(Dorsiflexion: 발목 밀기), 플랜타플랙션(Plantarflexion: 발목 뻗기), 발 들어올리기 동작이 있다.

방법은 서로 마주 앉아 발을 수평으로 들고 발뒤꿈치를 가볍게 한 손으로 받치고 한 손으로 발바닥과 발가락 부위를 감싸 쥐고 수평으로 미는 동작이다. 발 들어올리기 동작도 그 자세에서 발뒤꿈치를 살짝 잡고 위로 올리는 동작이다.

인체 구조별로 뇌 인지, 공감, 뼈와 근력, 활용과 연결 종합 응용 등 회복운동의 구성과 실행 단계 순서가 있으나 따로 구분하지 않고 따라가면서 할 수 있게 기술했다.

※ 뇌 메커니즘의 교육과 훈련을 배워 바르게 진행했을 때 회복 효과가 더욱 크다. 뇌에 손상을 입은 사람과 유아의 경우 언어로 표현하는 것이 어렵다. 그래서 회복운동 후 당김이나 시원함의 표현을 인지와 감각 부족으로 쉽게 하지 못한다. 이럴 때는 발목 관절이 손상될 위험이 있기에 전문의의 진단과 주의가 필요하다.

뇌 질환 손상의 기본 회복 동작 반응
- 일반적으로 기본 회복운동 후 아킬레스건이 당기고 시원하다면 정상으로 본다.
- 기본 회복운동 후 발을 올려 허벅지 뒤가 당기고 시원하면 정상으로 본다.

경증: 회복운동 발목 밀기 후 아킬레스건 부위가 당기거나 시원한 게 아니라 오금과 종아리 부위에서 당기거나 시원한 느낌이 돌아다닌다. 또한 발 들어올리기 후 허벅지 뒷부분이 아니라 오금과 종아리 부위 아래에서 돌아다닌다. 아킬레스건과 허벅지 중심 부위를 떠난 당김과 시원함은 소뇌 운동을 담당하는 퍼킨지 세포에 나쁜 데이터가 쌓여

나타나는 형태로 반복해서 삭제해 줘야 한다.

반복해서 나쁜 데이터를 삭제한 후 아킬레스건의 당김과 시원함으로, 허벅지가 당기고 허벅지가 시원함으로 자리한다.

건강한 분들도 회복운동을 해보면 많은 분이 발목 아킬레스건과 허벅지 뒷부분이 아닌 반대 부위 오금과 종아리에서 당김과 시원함이 느껴지는데, 이는 몸 중심이 공중에 떠 있는 것과 같다. 회복운동으로 나쁜 데이터를 삭제하면 제자리를 잡고, 서고 걷기가 편해져 쉬 피곤하지 않으며 통증 등이 사라지는 것을 볼 수 있다.

중증: 회복운동 발목 밀기 후 당김은 있는데 편하거나 시원한 느낌이 없다면 나쁜 데이터가 뇌세포를 덮고 있어 뇌가 인지할 수 없을 정도가 되었다고 보면 된다. 회복운동 후 나쁜 데이터를 삭제하는 데는 큰 에너지가 필요해 열이 발생한다. 그 열을 낮추려고 입으로 거친 숨을 쉬거나 하품을 하기도 하고 심하면 졸음 등으로 나타난다. 특히 회복운동 후 편안함과 시원함이 머리나 가슴 부위에서 느껴지는 분들은 질환이 심해지거나 다른 뇌 부위 질환의 전조로 전문의에게 검진을 받아봐야 한다.

3. 회복운동으로 락(lock)이 걸리는 경우

기본 회복운동 발목 밀기를 하면서 발목 인대와 허벅지에 과도한 힘이 들어가 힘을 빼라는 자신의 의지나 남의 지시에도 다리와 발목의 힘을 쉽게 빼지 못한다면 나쁜 데이터가 뇌를 지배하기 시작했다는 신호이다.

- 각종 스트레스로 나쁜 데이터가 쌓인 뇌는 다리와 발목의 힘을 회복운동을 위해 빼라고 하면 마음은 간절한데 빼지 못한다.
- 발목을 밀라고 하면 몸과 허벅지 근력으로 민다.
- 기본 회복 동작인 발목 밀기와 발목 당기기를 할 때 발목에 락이 걸리고 발가락과 허벅지가 떨린다면 뇌에 문제가 있다는 신호다. 회복 동작을 반복해서 시행하면 증상이 사라진다.
- 발 들어올리기 동작 후 발목 근육과 발가락에 떨림이 있으면 척추에 문제가 있는 것을 알 수 있는데 반복하면 사라진다.

4. 회복운동으로 손상 회복과 재발 및 인체 반응

회복운동을 통해 손상 부위의 회복 정도와 질환 진행 정도를 알 수 있는 것들이 있다. 또한 인체 내부 수술 이후 혹은 내부 장기의 인위적인 기구 장치나 이물질을 제거한 이후에 안정을 찾지 못했을 경우가 있다. 그럴 때는 해당 부위에 열이 나거나 화끈거림으로 나타나기도 한다. 이때 회복운동을 반복하면 시원한 느낌이 드는데 이는 나쁜 데이터가 삭제됐다는 것을 알려준다. 정확히 확인하려면 CT나 MRI 촬영 등을 통해 전문의에게 진단을 받아야 한다. 이것이 회복운동 후 회복을 역으로 확인할 수 있는 협업이 필요한 이유다.

손상의 경중 판단
전문 병원 수술 등 치료가 끝나면 재활 치료에 들어가는데 회복운동을 빨리 개시할수록 회복도 빠르다.

뇌 손상의 경우

손상의 경중은 손상 상애 정도와 발병 기간에 따라 다르게 나타난다. 특히 뇌경색의 경우에는 회복운동을 하면 통증을 심하게 느끼고 발목에 락(lock)이 걸릴 때가 많다. 이때 발목 변형이 안으로 휘는 정도에 따라 증상 재발과 타 증상 발병 정도를 추측할 수 있다.

뇌출혈처럼 일순간의 발병과 달리 뇌경색은 긴 시간 여러 뇌세포에 손상을 준다. 따라서 증상 재발과 타 부위 발병으로 잠재하고 있는 것으로 추측된다.

- 정신장애, 뇌경색의 경우 회복운동을 하려고 발바닥에 손을 대기만 해도 까무러칠 정도로 통증을 느낀다. 다행히 대부분 두 번째 회복운동부터는 통증이 작아진다.
- 뇌경색의 경우는 기본 회복 동작을 하면 락(lock)이 발목 인대에 나타나는데 락을 모두 삭제하면 증상이 사라진다. 사라졌다 나타나는 것이 반복되고 발목이 안쪽으로 계속 휘는 상황이 지속되면 타 증상의 나쁜 데이터가 완전히 삭제된 것이 아니다. 이럴 때는 증상이 사라질 때까지 반복해 줘야 한다.
- 회복운동을 시작할 때 무릎의 틀림이나 허벅지 근육의 떨림, 발목 인대의 근력 수준으로 상태의 경중을 알 수 있다.
- 회복운동 후 다리 부분이 아닌 머리가 시원한 경우에는 인지 등 뇌 상태가 나빠졌거나 다른 뇌 질환 발병의 전조임을 알려준다.

척추와 골반, 어깨가 손상된 경우

중력과 체중을 받치고 몸을 움직이는 데 기초가 되는 발목 인대와 발바닥, 발가락의 힘이 부족하면 발목 인대와 무릎 연골에서 어깨와 목 부위까지 무너지거나 깨지게 된다.

- 기본 회복 동작을 반복하여 발목 인대의 락을 모두 삭제하면 사라진다. 또한 변형된 뼈를 원상으로 회복하기 힘든 상태일 때도 주기적으로 회복운동을 시행하면 생활할 수 있는 정도로 회복할 수 있다.
- 발목 인대의 전거비 인대, 후거비 인대, 종비 인대의 힘줄과 발가락이 발 들어올리기 동작을 하면 발목 인대 경직과 떨림, 발가락 떨림으로 나타난다. 횟수를 증가할수록 인대 부분은 경직이 부드러워지고 힘줄과 발가락 떨림 역시 사라지면서 문제 부위의 회복을 예측하게 된다. 통증이 적어지거나 사라지고 서고 걸을 수 있다면 디스크나 척추관협착 등 척추가 전후로 이탈된 부분이 제자리로 돌아가고 있다는 신호다. 돌아올 수 없는 선을 넘은 경우에는 수술을 받아야 한다. 수술 후 회복운동을 하는 것이 재발을 막는 가장 좋은 회복 방법이다.
- 회복운동을 통해 뇌성마비와 소아마비 및 척추, 고관절 등의 변형을 알 수 있다. 회복운동 발목 밀기 동작을 하면 락(lock)으로, 대상자가 당김을 느끼는 곳에 다다르면 발목 위 힘줄 경직과 떨림, 발가락 움직임으로 나타나는데 이 현상으로 척추의 문제 부위를 예측할 수 있다. 기본 회복운동으로 발목 인대 밀기와 발 들어올리기를 반복하면 서서히 부드러워지며 락 반응이 사라진다. 이를 통해 척추 변형이 제자리로 회복되어 통증도 사라지고, 설 수도 걸을 수 없던 환자가 서고 걸을 정도로 회복될 수 있다. 물론

확인을 위해서는 전문의의 검진이 필요하다.

뇌 손상으로 인한 운동 기능의 회복 학습

시냅스의 소뇌 스위치 역할을 하는 외부 자극을 받아들여 반응하는 운동을 담당하는 퍼킨지 세포의 복잡한 정보교환 신호의 변화에 따라 전달 효율이 15분 시점에 좋았다. 실질적인 회복운동 역시 강도가 다르게 15분 정도가 효과적이다.

논문이 알려주는 것 대신 각 사람의 질병 정도와 뇌 손상 상태에 따라 발목 인대 자극의 세기, 자극 지속의 시간, 반복 횟수가 다르다. 회복운동시에 인체의 운동 능력을 관장하는 퍼킨지 세포가 안정적으로 학습하기 위해서는 효율이 변화한 후에도 뇌에 안착할 때까지 반복이 필요하다. 뇌신경 손상으로 감각과 운동 기능이 전무한 장애나 특히 염색체 변이로 운동 기능이 전무하거나 사라지고 있는 대상들에게 회복의 기회가 된다.

회복 후 재발병 징후

뇌졸중 발병 후 회복 상태에서의 재발병 징후는 회복운동 후 발목 경직과 발목 당김 증상에 시원함이 느껴지지 않거나 시원하더라도 대부분 머리에서 나타난다. 정신 질환이나 치매 환자의 경우 간혹 가슴이 시원하다고도 한다.

- 팔다리 들기 동작 지시에 행동을 일치시키지 못하고 왼쪽과 오른쪽을 구분하지 못한다.
- 손상 입지 않은 쪽까지 회복운동 후 당김과 시원함을 머리에서

느끼게 된다.
- 손가락을 1~5까지 꼽으며 말하는 동작도 어려워하거나 수행하지 못한다.
- 팔다리 등 인체 부위별 동작을 지시에 맞게 하지 못한다.

※ 회복운동을 집중적으로 하지 않으면 머지않아 인지 장애를 넘어 다른 뇌 질환이 발생하는 2차 질환으로 나타난다.

회복운동과 인체 반응

우리 몸에 치료를 위한 보조 장비를 삽입하면 이질감을 느끼다가 자리를 잡으면 이질감이 사라진다. 인체 내부에서 인위적으로 장기를 묶어 놓거나 외부에서 물을 빼는 외과적인 수술을 했다면 회복운동 후 해당 부위에 당김과 편안함이나 시원함이 느껴지는 것으로 상태를 알 수 있다.

그 이유는 해당하는 부분들에 균형을 잃게 되면 나쁜 데이터가 되기 때문이다. 회복운동을 하면 발목 아래에서 척수 전각까지 스캔을 해 변화된 부분을 해당하는 뇌가 알게 되고 문제를 해결한다.

5. 각 인체 부위 기본 회복 동작

모든 회복운동의 순서는 매번 할 때마다 기본 회복 동작으로 시냅스 스위치 통로를 열어놓고 시행해야 한다. 항상 주의할 점은 골다공증 유무와 관련해 전문의에게 검진과 지도를 받아야 한다는 것이다.

발목

회복운동으로 발목을 밀 때 대상자가 발 뒤쪽이나 어느 부위가 당기기 시작하면 앗! 하고 크게 말하게 한다. 그 지점이 대상자의 발목 인대의 0지점이라고 할 수 있다. 그 지점에서 1/10만큼 힘을 가하여 처음에는 3초, 5초, 7초 간격으로 시작해 15~20초로 시간을 늘려간다. 밀다가 놓은 뒤에 어느 부위가 당기는지, 어느 부위가 편안하거나 시원한지 계속 물어 말하게 한다. 이를 통해 대상자의 뇌 인지에 도움이 될 수 있을 뿐 아니라 시행자 역시 뇌와 몸 퍼킨지 세포의 상태 변화를 알 수 있다.

이것은 뇌의 나쁜 데이터가 쌓여 있는 곳이 어디인지 알 수 있게 해준다. 이때 나쁜 데이터를 모두 지우면 뇌는 제 코드 범위인 아킬레스건 뒤쪽이 당기고 시원함으로 안착된다. 이는 회복을 의미하는 척도가 된다. 대상자의 상태에 따라 힘의 강도와 자극 시간을 길게도 하고 짧게도 한다. 자극의 시간과 반복 횟수는 뇌 학습 회복 결과로 나타난다. 발목 밀기 동작의 당김과 시원함이 없다면 발목 인대 수축이 고관절 위로 올라간 상태를 가리키는데 이럴 때는 수축되는 부위를 시급히 내려야 한다. 발 들어올리기 동작을 여러 번 반복하면 수축 부위가 내려온다.

허벅지

허벅지 회복운동은 발 들어올리기 동작으로 고관절에 무리가 가지 않도록 조심스럽게 위로 들어올린다. 당겨지는 부위를 0지점으로 보고 1/10만큼 위로 올려 3초, 5초, 7초 간격으로 시작해 15~20초로 시간을 늘려간다. 들었다 놓은 뒤에 어느 부위가 당기는지, 어느 부위

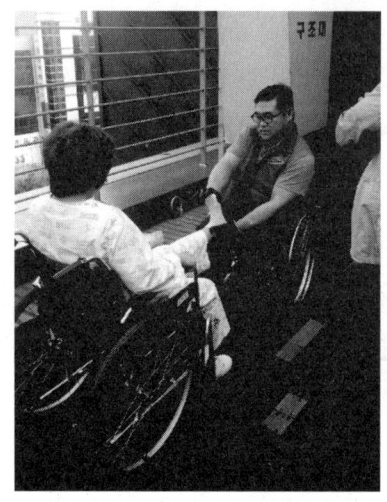 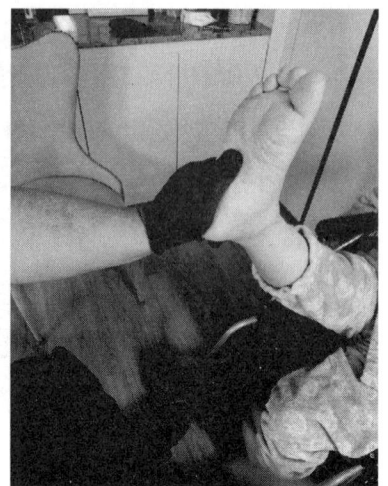

가 편안하거나 시원한지를 계속 묻는다. 이는 대상자의 뇌 인식에 도움이 되고 또한 시행자도 대상자의 상태에 맞는 회복운동을 수행할 수 있게 하기 위함이다. 이것은 뇌의 나쁜 데이터가 쌓여 있는 곳이 어디인지 알 수 있게 해준다. 이때 나쁜 데이터를 모두 지우면 뇌는 제 코드 범위인 아킬레스건 뒤쪽이 당기고 시원함으로 안착된다. 이는 회복을 의미하는 척도가 된다.

당김과 시원함이 없다면 발목 인대 수축이 고관절 위로 올라간 상태를 가리키는데 이럴 때는 수축되는 부위를 시급히 내려야 한다. 발 들어올리기 동작을 여러 번 반복하면 수축 부위가 내려온다.

발목, 발가락 응용 동작

발목을 밀고 당기는 연속 동작을 할 때 발바닥에 손을 대주어 밀고 당기게 한다. 이는 감각과 근력을 키우고 뇌에 좀 더 각인시키기 위해서다. 이때 허벅지로 미는 사람은 해당 부위를 직접 잡고 밀고 당기게 하여 본인이 느끼게 한다. 직접 학습하게 한 이후에 밀고 당기게 하면 허벅지 힘이 아닌 발목 힘만으로 동작을 시작하게 된다. 이때 시행자의 교육 정도와 훈련 및 경험의 차이에 따라 대상자의 회복 속도도 달라진다.

발가락 각각을 밀어 발가락 힘으로 되밀게 한다. 발가락 모두를 밀고 발가락 전체로 되밀게 한다. 각각의 발가락 밑과 위를 손가락 엄지와 검지로 살짝 눌렀을 때 바로 앗! 하고 반응하지 않으면 뇌는 해당 발가락에 에너지를 보내지 않는다. 이 응용 동작을 통해 감각을 되찾아 주거나 근력을 키워줄 수 있다.

6. 2단계 세부 회복 동작

기본 동작으로 뇌 학습이 구축되면 나이, 성별, 병명, 발병 기간, 회복되지 않은 기능의 차이를 바탕으로 단계별로 상태를 분석할 수 있어 맞춤형으로 회복운동을 진행할 수 있다. 기능을 못 하는 이유가 뇌 학습이 안 돼서 발생하는 것인지 아니면 뼈 변형과 근육 문제인지는 기본 동작을 할 때 계속 반복해서 기록해 보면 판단할 수 있다. 이를 통해 회복 우선순위와 방법을 맞추어갈 수 있다.

우리 몸은 마음의 결정을 뇌가 받아 동작한다. 뇌 손상의 대표적인 형태인 뇌졸중은 감각과 운동 능력 중 하나가 없거나 둘 모두가 없는 증상을 보인다. 대부분 감각은 있는데 운동 기능에 문제가 되는 경우가 많다. 이럴 때 기본 동작으로 없던 당김이나 감각을 느끼면 뇌 학습이 시작된 것으로 보면 된다.

발목 변형과 회복

발목이 움직이기 시작하면 회복운동 시간과 횟수에 따라 발목 변형이 차이를 보인다. 발목이 반듯한 상태로 회복운동을 할 때 소뇌 시냅스 스위치를 켜서 전달되는 압력에 따라 뇌 학습의 결과가 결정된다. 선풍기 속도 단계에 따라 바람의 세기가 결정되는 이치와 같다고 보면 된다.

변형된 발목을 먼저 되돌리기 위해서 꾸준한 발목 회복운동으로 뼈와 인대를 바로잡을 수 있다. 기본적으로 발목 변형을 바로잡으면 발목 변형으로 인한 근육 수축과 무릎, 고관절, 척추, 팔과 어깨, 뒤 목뼈까지 제자리로 회복된다.

뇌세포가 인지할 때까지 회복운동을 반복하면 변형이 쉽게 되풀이되지 않는다.

연결을 위한 동작

우리 몸이 움직일 수 있는 큰 동작이 회복되기 시작하면 소뇌 밑 척수 전각 연결을 지탱하고 있는 목과 어깨, 팔 돌리기를 실행한다. 이때 얼굴에서부터 발바닥까지 부위별로 큰 동작에서 작은 동작으로 이어간다.

이때의 동작으로는 양팔 독수리 날갯짓하기, 눈 크게 떴다가 감기, 입 크게 벌렸다가 꽉 다물기, 어깨 들썩이기, 팔 앞뒤로 흔들기, 손바닥 힘주어 반대로 쫙 폈다 주먹 쥐기, 양 손가락 마주하고 밀기, 양 손가락을 깍지 끼고 앞뒤 밀기가 있다. 이 동작에 더해 기본 회복동작을 반복하고 또한 반드시 복식 호흡은 수시로 하게 한다. 이는 시냅스로 연결된 각 인체 부위가 뇌신경 세포들에 도움을 주기 위해서다. 이외 여러 가지 동작을 맞춤식으로 해줘야 한다.

7. 3단계 세부 심화 회복 동작

뇌의 힘 역학
- 부위별 기능마다 정해진 근력이 부족하면 상부 힘을 끌어들여 기능을 수행하려고 한다. 이는 마음의 착각으로 에너지 값 10을 온전히 사용하려는 것이다. 의자에 앉아 발을 90도로 든 상태에서 자체의 힘으로 발목을 밀고 당기라고 할 때 근력이 부족하면 뇌는 허벅지와 상체의 힘을 빌리게 한다. 이때 빌린 만큼을 빼고 나머지가 간다. 또한 무릎을 굽히는 데 들어간 힘은 오히려 발목까지 힘이 전달되는 것을 방해한다. 뇌 문제가 없고 건강한 사람은 앉아서도 자체 발목으로 들고 힘으로 밀고 당긴다.
- 가장 기초인 발목 인대 근력의 부족이 원인인 경우 발목 밀기와 발목 당기기 회복운동에 집중해야 한다. 이를 통해 본래 뇌 기능의 10 에너지가 해당 인체 작동에 가도록 분리해 줘야 한다.
- 근력 부족이 오랜 시간 지속된 쪽의 팔다리들은 경직으로 오히려 수축이 쌓여 있다. 이럴 때는 회복운동을 시작할 때 초 단위로 회복운동을 다르게 진행한다. 2~3회 정도 강도로 높고 길게 올렸다 내려 긴장하게 했다가 똑같은 동작을 2~3회 정도 강도로 3~5초 정도, 때론 10초 정도 멈춘다. 이를 통해 시간이 늘어난 것을 뇌가 인지할 수 있게 해준다.
- 손상 정도가 오래되었거나 중증일수록 회복운동을 할 때에 당김이 오금 부위에 온다. 이는 오랫동안 수축되어 나쁜 데이터가 뇌

에 많이 쌓인 것이다. 회복운동을 계속 진행하면 편안함과 시원함이 느껴지는데 이는 회복되고 있다는 척도가 된다.
- 뇌 문제로 발목 밀기와 발목 당기기를 못 할 때는 손으로 발목을 직접 잡아주고 동작을 수행하며 대상자에게 보게 한다. 대상자가 눈으로 익힌 뒤에는 쉽게 따라 하는 것을 볼 수 있다. 대부분 다른 동작도 마찬가지다.
- 앉아서 다리를 들어 90도로 꺾은 발목의 뒤꿈치를 받쳐준 상태에서 발을 밀고, 끌어당기고, 무릎을 올리고 내리는 자체 동작을 발목의 힘으로 할 수 있게 한다. 이때 상위 부위 힘을 빌려 동작하려는 것과 철저히 구분된 동작을 할 수 있게 해야 한다.

발과 발가락 세부 심화 동작

발가락 힘을 무시하고 살면 몸이 망가진다. 발레 선수들은 발가락 힘만으로 서고 움직이며 격렬한 동작을 한다. 그만큼 발가락 힘은 몸을 지탱할 수 있을 정도로 크다. 그렇기에 발끝에서 심장까지 혈액을 되돌리는 동력이 된다.

- 서로 마주 앉아 발을 들어 뒤꿈치를 받친다. 발바닥에 손을 대고 발가락만을 손바닥에 붙이게 하고 발가락 힘만으로 밀게 한다. 이때 발목 끝으로 끝까지 밀게 하고 당기는 동작은 필수다.
- 기본 동작과 2단계 동작이 어느 정도 이루어지면 3단계 동작으로 이어져야 한다. 의자에 앉아 발을 90도로 젖혀 뒤꿈치를 받치고 발가락 하나하나를 살짝 밀면서 해당 발가락에 집중해 미는 동작을 반복한다. 각 사람의 상태에 따라 차이는 있지만 반복 학습을

통해 각각의 발가락 근력을 쉽게 되찾게 된다.
- 발가락마다 세부 동작 훈련이 끝나면 발가락 모두를 밀고 발가락 전체로 밀고 당기는 동작을 반복한다. 발가락 힘을 합해 미는 힘이 강력함을 인지시켜 준다.
- 발가락만 움직여야 할 때 발목과 발등 힘으로 밀면 안 된다.
- 와상마비 환자는 신체의 가장 밑의 말초신경 부위인 발가락 하나하나에 자신의 힘으로 밀고 당기는 동작이 쉽지 않다. 이럴 때 발가락을 움직인다는 것은 회복뿐 아니라 서고 걸을 수 있는 가능성이 높다는 반증이기에 중요하다.

팔과 손바닥
- 팔목 부위의 기본 동작을 할 때에 팔목을 받쳐 손바닥을 잡고 위로 밀면 팔목 인대가 당기는 곳이 제로 지점이다. 다리 먼저 회복운동으로 회복되고 나서 팔에 대한 동작을 수행한다.
- 손바닥을 부딪치면서 소리를 내는 박수를 치는 것도 처음 해보는 아이는 경험이 없어서 쉽게 하지 못한다. 그렇듯 손바닥을 부딪치는 동작도 책상 바닥이나 벽을 쳐보는 뇌 경험 동작들을 먼저 한다면 도움이 된다.

응용 동작

응용 동작에는 팔다리의 각 부분에 맞는 동작이 있는데 그중 두 발 들기 동작이 있다. 앉은 자세에서 두 발을 90도 위로 더 들기란 쉽지가 않다. 뇌신경에 손상을 받은 사람은 이 행동이 더 어렵다. 일반인들도 쉽지 않은 동작으로 허벅지 감각의 한계치를 깨워주어야 한다.

- 한쪽 다리를 들어 올리는 최대치에서 발을 잡고 다리 들기를 90도 위로 반복해 도와서 들어준다. 학습이 되면 다리 들기에 근력이 조금씩 생기는 것을 볼 수 있다.
- 한쪽 발 잡고 들기가 끝나면 양쪽 발을 들어 올려보라고 하고, 발목을 들 수 있는 최대치에서 발목을 잡고 들기 동작을 함께 반복한다.
- 발가락을 바닥에 밀착한 후 발가락 하나하나와 전체에 힘을 주는 동작을 시행해 상부 관절과 근육의 힘이 전달되는 것을 뇌에 각인될 수 있게 한다.
- 서서 두 뒤꿈치를 붙이고 발은 부채 형식으로 벌리고 발가락 힘만으로 뒤꿈치를 들고 3~5초 동안 버티게 한다.

※ 회복시에 피해야 할 것: 마음이 간절하여 회복운동으로 설 수 있게 회복되면 성급하게 걷는 연습을 한다. 이때 바른 직립 보행을 위해서는 발바닥과 발목 인대가 바르게 위치해 있어야 한다. 우리 몸의 체중과 중력을 받치는 역할을 하는 발목 인대의 힘이 부족하면 수축이 진행되는데, 발목은 바닥을 짚기 위해 안쪽으로 변형되기 시작한다. 뇌경색의 경우가 대표적인데 발목이 변형되면 넘어지지 않으려 팔과 다른 부위로 보상한다. 결국 다른 부위에 힘이 들어가 팔까지 영향을 받는다. 재활에서 발목 변형을 막는 것은 회복 시간 단축 및 회복 결과와 긴밀한 연관이 있다. 재활 운동시에 최우선 순위로 회복 기본 동작에 집중해야 하는 이유가 이 때문이다.

세부 심화 융합 회복

　3단계 회복운동을 통해 학습된 신체 부위의 연결을 뇌세포에 자리할 때까지 해줘야 한다. 여러 가지 방법이 있으나 기본적으로 눈과 사물의 거리를 측정하고 손과 발을 이용해 힘의 강약 부분 등 모든 신체의 연결을 위한 학습 방법이다.

　부분적인 모든 세부 기능의 회복은 서고 걸으면서 동작할 수 있어야 비로소 완성된다. 뇌에 각인될 때까지 반복하는 것이 중요하다.

- 앉거나 서서 공을 던져 넣기는 몸의 중심축인 다리와 눈으로 거리를 측정하고 팔과 손가락 감각으로 거리에 맞는 어깨 힘을 조절할 수 있게 한다. 이러한 운동을 통해 각인시키는 것은 회복의 마지막 단계인 세부 심화응용 회복 단계 중 하나다.
- 처음 해보면 어린애처럼 목표물의 거리와 상관없이 통 안에 넣지 못하고 짧은 거리나 긴 거리나 모두 발 앞에 떨어뜨린다. 마음으로는 넣고 싶지만 뇌 시냅스로 뇌의 경험치를 넣어주는 학습이 없기에 던지는 시늉만 하게 된다. 새로운 뇌 학습으로 만들어진 뇌는 아이들 뇌처럼 경험을 통해 각인되듯이 경험을 통해 새롭게 인지 감각을 만들어줘야 하고 뇌에 각인될 때까지 반복해 줘야 한다.
- 의자에서 <u>스스로</u> 일어서고 앉기(뇌와 각 신체 부위 균형의 힘의 배분과 역할).
- 서고 걸을 수 있는 동작으로 먼저 벽에 기대고 서기, 벽에 기대지 않고 서기, 벽 기대고 팔 좌우로 들고 흔들기 등.
- 제자리에 서서 각각의 발가락 구별해 힘주기, 발가락 모두로 지

면을 밟기.
- 오른발 왼발 제자리걸음하기.

팔다리 에너지 강약 심기

감각과 운동력을 이용한 자신의 팔다리 힘으로 대상을 차고 팔로 잡는 강약 경험치를 인지에 심어줘야 한다.

8. 회복의 특징

손상 원인과 발병 기간의 뼈와 관절 변형 상태에 따라 회복 반응에 차이가 난다. 회복되는 것을 아직은 임상으로만 확인했을 뿐 데이터 작업은 이제야 시작하고 있다. 개인별로 회복 반응에 차이가 있으나 분명히 회복은 이뤄지고 있다.

뇌와 몸의 메커니즘상 인체 동작들이 뇌에 인지되어 있지 않으면 제 역할을 못 한다. 우리는 태어나면서 갖게 되는 유전자의 설계에 따라 신체를 완성해 가면서 동작을 한다. 그러나 질병과 뇌 손상으로 뇌 기능이 사라지는 장애를 극복하려면 반드시 소뇌 운동을 담당하는 퍼킨지 세포를 새롭게 학습시켜 주어야 한다. 매우 건강한 뼈와 강한 근력을 지닌 분들도 뇌 신호가 제 역할을 못 하면 회복운동으로 제 기능을 찾아줘야 하는 이유가 이것이다.

뇌 문제로 뇌 기능이 사라지거나 뇌 손상으로 장애가 나타나면 손상된 큰 기능 동작에서부터 작은 동작 순으로 기본 회복운동을 진행한다. 이때 직접 세부적인 동작을 보여주거나 손상된 부위를 손으로 잡고 움직임을 보여주면 훨씬 쉽게 학습되어 따라 한다. 뇌는 팔다리 동작과 연동되어 있어 계속된 반복 학습으로 혼자 움직일 수 있게 유도해줘야 한다.

뇌신경 세포의 학습이 잘 되고 있다는 것은 학습된 만큼 동작을 하는 것으로 알 수 있는데, 새로 학습되고 있다는 증상은 숨이 거칠어지거나 하품을 하거나 졸음이 오는 것으로 나타난다. 컴퓨터가 열을 받으면 다운이 되듯이 뇌신경 세포 형성과 교정에 굉장한 열이 발생하기 때문에 동반되는 열을 식히기 위한 자연스러운 현상이다.

회복운동은 선천적이거나 후천적인 뇌 손상의 크기나 나쁜 자세, 흡연, 알코올 섭취, 약물 중독, 스트레스 등으로 나쁜 데이터에 노출된 만큼 당김과 시원함이 없다. 회복운동시에 나타나는 거친 숨과 하품과 졸림 현상의 크기만큼 나쁜 데이터가 더 많이 삭제되는 걸 의미한다.

회복의 정도

뇌 질환이나 뇌 손상 등으로 갖는 병명들은 같을지 모르나 장애 모습은 얼굴 모습만큼 차이가 있다. 병명은 있는데 원인과 치료 방법이 없는 것도 많다. 뇌졸중도 원인이 나뉘고 같은 부위가 손상되었어도 회복에는 차이를 보인다.

뇌출혈로 시작해 뇌 관련 증상이 겹치면 드러나는 장애 또한 제각각이다. 회복할 때도 증상이 다르듯 회복 과정도 각기 다른 것을 알고 꾸준하게 회복운동을 해야 한다. 염색체 변형 등 희귀 질환으로 근력과 운동력을 잃었을 때는 문제 염색체를 지우고 정상적인 염색체로 바꾼 뒤에 학습이 이뤄지니 시간이 더 걸린다.

9. 학습 방법

뇌 학습을 할 때에는 관련 뇌신경 세포가 사라진 경우도 있고 신경 세포는 존재하나 기능이 지워진 상태도 있다. 이럴 경우에는 뇌 학습을 위한 기초 작업을 해야 한다.

- 유전자 문제나 뇌 손상으로 기능이 없거나 사라지거나 미미해지는 문제로 나타난다. 정상적인 뇌도 과부하를 일으키는 감정이나 나쁜 동작 데이터가 불필요하다고 판단하면 뇌 스스로 정상의 뇌신경 세포까지 삭제하기도 한다. 나쁜 데이터가 쌓이면 또 다른 뇌 문제로 발전하게 된다. 뇌 문제는 곧 근육과 뼈와 관절의 변형으로 이어져 회복 스위치를 바로 켤 수 없게 지장을 준다(이럴 때 발목 변형을 바로 잡으려고 밀기를 실행할 때 시행자의 팔목과 어깨 회전근에 매우 큰 힘이 필요해 주의해야 한다).
- 뇌신경 세포의 기능 회복을 위해 데이터를 구축하는 회복운동은 마치 건물을 세우는 것과 같다. 나쁜 데이터인 토양을 정리하고 새롭게 기초를 다지고 골조를 세워 건물을 짓듯, 뇌 학습으로 나쁜 데이터를 새롭게 바꾸며 회복해가는 것을 임상을 통해 알 수 있다.
- 회복운동 후 뇌세포가 발전하는 것에도 단계가 있다. 만약 뇌가 인지하지 못하거나 인지 코드를 지워버린 이유가 나쁜 동작 데이터가 많이 쌓였기 때문이라서 회복운동시 당김만 있고 편안함이나 시원함이 없다면 중증으로 보면 된다. 반복하면 회복되는데 단계에 따라 회복 기간에는 차이가 있다.

- 편안함과 시원함을 느끼지 못하면 발목 밀기 전 눈을 감고 발목 밀기 제로 지점에서 1/10만큼 힘으로 3초, 5초, 7초간 밀었다 놓게 한다. 그러면서 편하거나 시원한 부위를 느껴 찾을 수 있도록 집중하게 한다. 편안하고 시원한 느낌이 돌아오게 하는 것은 뇌세포를 자리 잡게 하는 기초 공사와 같기에 매우 중요하다. 컴퓨터가 열을 받으면 다운되듯이 편안함과 시원함을 느끼지 못하는 뇌는 위험하다.
- 같은 자세로 같은 힘과 같은 방향, 같은 시간 동안 미는데 당김과 편안함이나 시원함을 느끼는 부위는 계속 돌아다닌다. 그 이유는 평소 스트레스와 나쁜 자세로 뇌에 쌓인 데이터가 순서대로 삭제되거나 새롭게 만들어지는 것을 뇌세포가 탐색하고 있는 것으로 보면 된다.
- 발목을 밀면 아킬레스건이 당기고 시원함을 느낄 때 뇌 퍼킨지 세포가 제 역할을 하는 것으로 보면 된다. 발 들어올리기 역시 당기고 시원함을 느끼는 부위는 허벅지 뒷부분이 제자리다.
- 근력 소실의 뇌 기능과 관련한 회복 방법은 소뇌 시냅스 자극 학습으로 코드를 만들어 부위 역할을 새롭게 입력하면서 만들어가는 것이다.

10. 세부 학습 방법

회복운동은 간단해 보이지만 시행자의 경험에 따라 회복 속도에 차이를 보인다. 그렇기에 회복운동에는 교육과 훈련과 경험이 필요하다. 새로운 동작을 학습하면 숨이 거칠어지고 하품이 나며 졸음이 오는데,

학습된 데이터가 뇌에 자리 잡으면 이런 증상이 줄어들거나 그친다.

주의 사항

하지인 발목을 밀고 당길 때: 먼저 회복운동으로 서고 걸을 수 있는 뇌신경 세포가 준비되면 팔다리는 연동되어 있기에 각각의 관절 기능 등 양쪽의 동작 균형을 맞추는 세부적인 훈련이 필요하다.

- 서고 걷기 위해서 발목 인대의 각도와 근력의 균형이 맞지 않는 만큼 서고 걷는 데 필요치 않은 상지 근력이 몸의 균형을 위해 관여하게 된다. 필요한 힘이 분산되면 보상하게 되는 근육이나 관절과 뼈를 보호하는 연골이나 인대 같은 부위의 손상으로 나타난다. 이럴 때는 발목 인대와 발바닥, 발가락의 근육 균형을 위해 발 회복운동에 집중하면서 연관된 동작 기능을 하나둘 연동해 뇌에 인지시켜 줘야 한다.
- 앉은 자세로 발을 90도로 올렸다가 발을 빨리 내리지 못한다면 그만큼 발목 인대가 경직됐다는 것을 알려준다. 반복적인 발목 회복운동을 통해 의도대로 내릴 수 있도록 자신 스스로 말하며 동작을 하는 연습이 필요하다.
- 하지 균형도 오른발과 왼발의 차이만큼 다른 부위가 보상해 균형을 맞추듯이 왼쪽과 오른쪽 팔다리 기능을 담당하는 뇌 부분은 각각으로 동작 균형과 속도가 같게 팔을 편하게 내리고 팔목만 흔들어보라고 한다. 학습을 반복하면 부족한 쪽과 움직임이 같아진다.
- 우리 몸을 지탱하기 위해서는 발가락의 역할은 매우 중요하다.

평소 자신의 발가락을 손톱으로 위아래로 눌러보면 앗! 하고 느낌을 바로 느끼지 못하고 0.5초 이상 지나 알거나 아예 모르는 분들은 회복운동으로 느낌을 바르게 찾아주어야 한다.

- 회복운동 후 발가락을 위아래로 눌러보면 앗! 하는 반응이 빨라지는 것을 알 수 있다. 하지만 여러 번 반복해도 느낌이 오지 않는다면 발가락의 움푹 들어간 곳으로 신경 줄이 빠져 있는 경우가 있다. 이 부위를 눌러보면 신경 줄을 찾을 수 있는데 아픈 곳에서 위로 꾹꾹 눌러 끌어올리면 제 자리를 잡는다. 걷는데도 발가락이 바로 인지하지 못해 뇌가 해당 발가락에 에너지를 주지 않으면 그만큼 다른 기능을 가진 부위에서 보상하게 되니 다른 부위가 손상된다. 뇌에 안착할 때까지 회복운동을 계속 반복한다.
- 회복운동 후 무릎 관절 유연성을 위해서는 흐르는 물을 차는 듯한 동작이 도움을 준다. 의자에 앉아 발이 땅에 닿지 않은 상태에서 힘을 주지 말고 발을 교차해서 차는 동작이다.
- 회복운동 후 앉은 자세로 두 발을 90도로 들고 90도 위로 교차하는 가위차기 동작으로 허벅지 근력을 키워주어야 한다.
- 손과 손가락의 역할은 무엇을 잡는 것이 대부분인데 손상으로 경직되면 안쪽으로 오그라든다. 평소 오므린 손가락에 반대로 쥐었다 펴는 동작을 병행해줘야 한다.
- 몸 전체와 팔다리 동작을 깨우기 위한 동작은 다음과 같다. 손바닥을 마주쳐 소리내기, 손가락 깍지를 끼게 한 후 양 손가락 끝으로 빠지지 않게 양쪽으로 힘 있게 잡아당기다 하나 둘 셋 하면 빼기, 어깨와 좌우 목 돌리기, 복식 호흡, '하하하' 하는 큰소리로 웃기 등이 있다. 이처럼 몸통과 팔다리의 연결을 위한 동작의 반복

학습이 필요하다.
- 이 모든 것의 근본은 뇌가 어느 정도 인지할 수 있게 단계적으로 반복 융합된 입력을 위해 반복하느냐로 각인의 회복이 결정된다.
- 회복운동 후 회복 진행에 따라 훈련 동작을 늘려가야 한다.

11. 종합적인 학습 방법

1차 회복 기본 동작과 2차 세부 학습 동작이 끝나고 진행하는 마지막 3차 세부 심화 학습으로 매우 중요하다.

- 위에서 언급했던 뇌와 인체 부위별로 정해진 에너지의 10을 해당 동작 시상위 다른 부위가 관여하지 않고 뇌에 10 전부를 집중하게 하는 훈련으로 마무리해야 한다.
- 정해진 에너지 값을 전달할 준비가 끝나면 힘의 강약을 조절할 수 있는 동작을 학습해야 한다. 문을 열거나 닫을 때 힘의 강약 정도를 모아 동작할 수 있는 느낌을 알 수 있게 훈련한다.
- 반대로 차고 던질 때에 힘의 강약 조절이 인지될 수 있는 훈련을 해줘야 한다.

12. 언어 회복 재활

뇌 손상으로 말하기에 필요한 기관과 관련 근육들의 남아 있는 기능만큼 말에 영향을 미친다. 호흡 문제나 말하는 기능에 문제가 발생해 말을 할 수 없는 경우에도 회복 과정은 오래 걸릴 수도 있고 빨리 끝날 수도 있다. 의미는 이미 알고 있기 때문이다(언어 회복과 관련한 내용은 4장의 뇌성마비 부분을 참고하라).

13. 뇌 손상 후 회복의 한계와 손상 예방

자연스러운 노화로 활동에 문제가 생기듯 뇌 손상 후 회복운동으로 새롭게 학습된 동작들도 한계를 갖는다. 이 경우 자연스러운 노화보다 근육 수축의 주기가 짧다. 완전 회복이 된 뒤에도 평소에 1개월 혹은 몇 주에 한 번 정도 회복운동을 꾸준히 해줘야 한다. 특히 장애를 가진 분이라면 더욱 필요하다.

건강한 사람도 평소에 1일 1~2회 정도 회복운동을 한다면 평생 도움을 받는데 손상 경험이 있는 분들은 훈련된 분들에게 주기적으로 회복운동을 받아야 한다. 인체가 손상되었어도 일상생활로 복귀할 수 있게 창조된 것을 입증할 수 있는 것이 바로 회복운동이다.

14. 뇌의 위험 징후

현대 의학에서 뇌 관련 질병의 전조 증상을 알고 있다면 예방과 치료에 큰 도움이 되고 있다.

회복운동 역시 몸으로 나타나는 여러 가지 반응으로 임상적 뇌 상태를 짐작할 수 있다. 인체 시스템은 자신이 마음먹은 대로 뇌가 제대로 실행될 때 정상이다. 신경 단절로 뇌 명령이 전달되지 못하면 동작을 제대로 못 하지만 반대로 동작 기능에 전혀 문제가 없는데 자신의 마음대로 안 되는 경우에는 뇌에 문제가 있는 것이다.

인체는 뇌가 인지하지 못하면 동작에 필요한 에너지를 주지 않는다. 즉 나타나는 동작으로 뇌 상태를 역으로 유추할 수 있다. 회복운동으로 당김이나 아픔은 있으나 편안함이나 시원함을 느끼지 못하면 뇌가 비상사태에 빠졌다는 위험을 알리는 신호로 삼을 수 있다.

회복운동을 할 때 발목에 락(lock)을 걸어오면 뇌 문제의 경중을 읽을 수 있다. 다만 뼈와 근육 이상으로 인한 락과는 구별된다. 발목뼈와 인대, 아킬레스건과 신경까지 아무런 문제가 없는데 발목을 밀 때 강한 락 저항이 있다면 그것은 뇌로 인한 것으로 보면 된다. 뇌와 척추의 손상이 크면 미는 동안 발목뼈가 자리를 이탈해 덜렁거리고 락이 너무 풀려 회복을 막는 역할을 한다. 발목 관절에 무리가 가지 않게 조심하면서 반복하면 덜렁거림이 멈추고 제자리로 돌아온다. 주로 뇌경색과 요추 손상 증세에 많이 나타난다.

인체 동작 기능에는 문제가 없는데 이상을 호소하면 대부분 신경성이라고 진단한다. 하지만 현재 알지 못해 신경성이라고 말하는 것이지 사실은 마음이나 뇌의 어딘가에서 영향을 받아 발생하는 것이다. 감정의 이상이나 인체의 이상은 나쁜 데이터를 삭제하지 못해 쌓여 넘친 상태가 되면 진단 기기에는 문제가 나오지 않을 수 있다. 하지만 그 상태로 방치하면 서고 걷는 데 문제가 생길 뿐 아니라 정신적인 여러 문제와 뇌질환으로 나타날 확률이 높다.

15. 뇌 회복과 암 등 내부 질환 회복의 관계

의학자나 과학자가 아닌 사람이 함부로 말할 수 있는 내용은 아니지만 널리 알려져 상식으로 여기는 것들 중에도 틀린 것이 있을 수 있다. 질병 중 암이라고 진단을 받으면 절망적인 마음이 생긴다. 이럴 때는 수술과 약물, 방사선 치료를 위주로 치료가 이뤄지는데, 최근에는 암세포만 죽이는 중성자 기기를 개발 중이라고도 한다.

우리가 새롭게 알아야 할 것은 우리 몸에 없었던 종양이나 이물질이 우리가 일부러 만들지 않았듯이 스스로 사라질 수 있게 할 수도 있다는 전제하에서 치료 접근도 필요하다는 것이다. 종양을 제거하고 나면 몸의 균형이 깨져 오히려 전이가 쉽게 일어나는 것은 아닌지 알아볼 필요가 있다. 물론 사전 제거로 완치율을 높이기 위해 어쩔 수 없는 일이긴 하겠지만 과연 제거만이 정답인지 고민은 해야 한다.

치료가 어려워지면 절망하게 되어 대체 방법으로 물과 공기가 좋고 약초가 많이 나는 산으로 들어가 자연 치유를 시도하기도 하고 여러 민간요법에 매달리기도 한다. 맨발걷기운동본부에서 암이나 뇌졸중 후유증이 회복되면 기적이라고 말하지만 정확하게 논리를 대기에는 아직 부족한 편이다. 만약 하나의 대안으로 내세울 수 있는 논리를 들자면, 뇌 시냅스 스위치가 발목 인대에 있기에 인체 자극에 가장 가까운 부위를 자극하는 효과라는 임상적인 설명이 가능할 것이다.

몸의 건강한 생존을 위해서는 암을 일으키기 쉬운 세포도 필요하다고 한다. 그러다 스트레스와 환경과 식습관 등으로 면역력이 떨어져 정상 세포보다 암세포가 우위에 서면 정상 세포를 공격한다고 알려졌다.

인간 신체의 모든 시스템 운용과 방어 기재 작동, 회복은 뇌가 주관한다. 하지만 치료가 불가능하다고 해서 뇌 스스로 삶을 포기하는 결정을 하지는 못한다. 이는 마음이라는 보이지 않는 장기가 결정하는 것으로 뇌의 역할과는 분명히 구분된다.

현재 불치라고 진단되는 병도 인간 의술의 한계지 회복 방법이 없다는 것은 아니다. 이는 과거에는 불치병으로 알려졌던 증세들이 현대 의학으로 치료 가능하게 된 경우가 많은 걸 보면 알 수 있다. 얼마나 빨리 회복 방법을 찾는지가 관건이지 불치란 말도 임시적이다.

발과 관련하여 맨발 걷기, 달리기, 발 마사지 등 많은 방법이 건강에 좋다고 회자된다. 그 이유는 뇌 시냅스 스위치가 발목 인대에 있기 때문인 것과 무관하지 않다. 시냅스를 통한 정보 전달로 인체 문제를 뇌가 인지하면 피드백을 해서 바로 잡는 방법이 바로 회복운동이다. 설 수도 없고 걷고 뛸 수 없는 분들, 움직일 수 없는 사람들에게는 회복 운동이 걷고 뛰는 운동을 대신해 그 효과를 시냅스로 직접 전달하는 회복방법이 된다.

맨발 걷기가 건강에 좋은 것은 맨발바닥 자극으로 혈액순환과 뇌 감각 향상, 발바닥이 흙과 만나며 땅속 음이온이 발생해 활성 탄소를 없애는 자연 치유도 일정 부분 이유로 본다. 그러나 이 모든 것보다 발목 인대가 있는 소뇌 시냅스 스위치와 발바닥 자극 위치가 가까워 회복된다는 것이 더욱 과학적인 설명이다. 단 맨발 걷기에도 주의해야 할 것들이 있다. 당뇨 환자는 발바닥에 상처가 나지 않게 주의해야 하고 땅 오염 상태를 확인해 상처가 나서 파상풍이 발생하지 않도록 주의해야 한다.

- 체내의 질병 등은 수술 및 약물 치료 등으로 치유되거나 더 진행되거나 한다. 하지만 단순한 회복운동인데도 몸의 빠른 회복 변화로 나타나는데 이 부분은 전문의와 함께 연구가 더 필요한 부분이다.
- 회복 기본 동작을 하면 부위가 화끈거리거나 열이 난다는 표현을

한다. 증상 유무에 따라 회복운동 후 편안하다거나 시원하다는 표현으로 바뀐다. 사람마다 횟수는 다르다.

- 회복운동으로 발목에서 척수 전각까지 몸 상태를 스캔해 소뇌 시냅스에 전달하여 해당 뇌가 상태를 인지하게 된다. 그에 따라 뇌가 잘못된 인체 부위의 회복에 관여하여 증세가 호전되거나 치유를 시작한다는 것이 현재 임상 결과다.

16. 생활 속 뇌 손상 예방

각 사람의 DNA가 설계된 대로 뇌신경 세포는 성장에 맞춰 형성된다. 뇌는 보이지도 않고 어려운 분야로 한번 손상되면 회복할 수 있는 방법이 없다고 알려져 있었다. 또한 뇌는 중요한 기관이기에 전문의의 영역으로 여기고 대부분 무관심하게 살아간다.

인간에게는 주어진 DNA가 있지만 각자의 주위 환경과 인간관계, 독서량, 운동 등에 따라 뇌 형성과 운영에 도움이 된다는 것이 상식이다. 뇌 손상을 입지 않은 사람들에게도 뇌는 큰 문제가 되기에 뇌 역량을 키우고자 큰 비용을 들이면서까지 노력하는지만 정확한 방법을 찾기는 쉽지 않다.

21세기 디지털정보화 문화의 편익만큼 비대면의 온라인 문화가 세대를 구분하지 않고 모두를 외톨이로 만들며 사회 문제로 대두하고 있다. 더구나 나이 들어 뇌 손상으로 장애를 갖게 되면 외로움은 더 심각해진다. 하지만 인간의 뇌 메커니즘에 대해 이해하기보다 성공을 위해서 뇌 용량을 키우는 데 급급해 뇌에 좋다는 약과 식품 등에 의존해 왔다.

의학과 과학의 발전에도 뇌 분야는 아직 풀리지 않는 미지의 영역이 많다. 그렇기에 뇌 문제를 수술이나 약물 등 현대 의학에 의존할 수밖에 없는 게 현실이다. 물론 생명공학으로 알게 된 새로운 뇌 학습 회복 방법이 뇌와 관련한 인체를 직접적으로 회복시키고 있어 앞으로 기대가 크다. 전문인이 아니더라도 외로움이 뇌와 삶에 얼마나 악영향을 주는지 알고 있다. 하지만 현대 사회에서 빠르고 편리한 것을 요구받고 원하는 사이 지켜야 할 기본인 뇌를 망치고 있는 것은 아닌지 걱정된다.

인간은 사회적인 동물이기에 관계에서 소외되면 자책을 한다. 하지만 뇌는 외로워지면 스스로 공감 능력을 떨어뜨려 혼자 있게 만든다. 소셜네트워크서비스(SNS)는 주로 비대면으로 이루어지기에 외로움이라는 또 다른 차별을 만든다. 사람은 누구나 외로운 존재라지만 이것은 극복할 수 없는 게 아님을 알고 노력해야 한다.

질병과 빈곤, 사회관계 단절 등으로 만들어지는 스트레스까지 더하여 외로움으로 소외되는 다른 사람들의 삶이 어떤지 들여다볼 수 있어야 한다. 이렇게 소외된 사람들을 위해 서 가족과 친구, 이웃과 사회가 존재하는 것이고 국가가 그 장을 만들어주어야 한다. 우리 사회의 급속한 변화로 소외와 외로움이라는 사회 문제가 대두되었지만 3대가 함께 살던 어려웠던 시절에도 세대 간 차이와 외로움을 가족과 이웃 공동체에서 해소할 수 있었다. 물론 과거로 모든 걸 되돌릴 수는 없지만 노력은 해야 하지 않을까 싶다. 외롭지 않은 사회를 만들어야 아이도 낳는 것이다.

사람은 누구나 외로운 존재이지만 이때의 외로움은 자신을 돌보고 돌아보는 시간을 마련해주고 사회관계를 새롭게 만들어가는 디딤돌이 되어준다. 우리 뇌는 여럿이 함께 할 수 있는 취미 모임 등에 관심을 가져야 활성화된다.

늙어서 친구도 줄고 자식들도 자신들의 생활에 바빠 경제적으로 빈곤하게 되면 외롭게 되고 자연스럽게 건강을 잃기 쉽다. 누구나 외롭게 되면 건강을 잃게 되는데 이는 뇌 문제가 아니라 우리 마음이 만들어내는 것이다. 그렇기에 만남을 자주 가질 수 있도록 자신도 노력하고 국가와 사회도 도와야 한다. 모 정치인이 노인 지하철 무임승차 철폐를 주장하는데 이는 하나만 알고 둘과 셋은 모르고 하는 말이다. 만약 무임승차를 철폐하여 활동에 제약을 준다면 국민의 건강 비용과 사회적 비용, 의료비는 몇 배가 더 들어갈 것이다.

돈이 없거나 아주 적게 들어도 만남을 위한 방법은 많다. 국가와 사회의 책임이 큰 이유다. 파고다공원에 모인 분들을 위한 프로그램도 필요하다. 국가가 이런 프로그램을 운영하는 것은 건강 예산과 복지 비용을 줄이는 방법 중 하나다.

아이 하나를 키우기 위해서는 온 동네가 합심해야 한다는 말이 있다. 지역의 아이들 돌봄 놀이방에서 경로당 노인들이 보조 역할을 하게 한다면 수익도 드리고 건강도 지킬 수 있게 해주며, 아이들은 돌봄을 받을 수 있다. 일석삼조인데 생각만 바꾸면 실행하지 못할 이유도 없다. 이처럼 소외의 극복과 관계의 회복을 위한 사회적인 모색을 다양하게 시도해야겠다.

인체 회복을 위한
뇌 시냅스 회복운동 메커니즘

1. 재활의 시냅스 회복 메커니즘

현대 재활의학은 손상 후 남는 장애를 수술이나 약물, 재활 기기나 전자기기 등으로 치료하고 한의학은 침이나 뜸, 한약과 추나 요법, 도수치료 등으로 치료한다. 그동안 뇌세포는 한번 손상되면 회복이 불가능한 것으로 알려졌다. 하지만 소뇌 시냅스 자극으로 뇌 학습을 통해 회복되는 논문이 정립되었고 임상에서 확인되었다. 그렇기에 회복운동으로 뇌 학습을 이용해 기능을 새롭게 회복하는 회복 재활로 이어져야 한다.

뇌 손상이 아닌 일반적인 경우도 있다. 운전을 한 예로 들어보자. 택시 운전사의 경우는 발목으로 가속 장치와 제동 장치를 밟는데 장시간 지속하면 발목만으로 힘들어 다리 근육을 사용하게 된다. 또한 원목이나 건축 자재를 옮기는 기중기 운전 등과 같은 긴박하고 정확성을 요구하는 기기를 조작하는 긴장 직업군들이 오랜 기간 일을 반복하면 뇌보다 몸이 먼저 반응한다. 이것이 지속되다 보면 뇌의 역할은 약화되고 근력만 커지는 불균형이 일어난다. 이를 일치시키려면 휴식과 기본 회복운동이 필요하다.

2. 뇌와 인체의 중심

인체가 직립 보행을 할 수 있으려면 체중과 중력을 버티는 발목 인대와 발바닥, 발가락의 힘과 관절의 유연성이 중요하다. 이는 기초가 튼튼한 건물이 지진이 와도 무너지지 않는 이치와 같다.

뇌 평형기관을 제외한 발목 인대, 발바닥, 발가락의 힘이 부족하면 중심을 잡고 이동과 속도에 맞춰 기능을 해야 할 무릎과 허벅지, 척추, 어깨, 목이 중심을 보상하느라 균형이 깨지거나 무너지게 된다. 중심이 무너지면 중심을 위로 끌어올려 근육 수축과 뼈 변형까지 일어나게 된다.

실버카를 사용하는 분들은 노화 때문에 걷는 것이 어렵다고 생각한다. 하지만 기본 회복운동만으로도 심한 뼈 변형이나 난치병이 아니면 대부분 회복되어 잘 걷는다. 우리 몸은 회복운동으로 기초를 강화하면 각 기능의 선을 넘지 않은 정도의 변형은 다시 회복된다. 그렇기에 수술 후 회복운동은 필수다.

3. 시냅스 회복운동 회복 전계도

1) 기본 회복운동으로 발목 인대의 소뇌 시냅스 스위치를 켠다(3,

5, 7, 15초).

  2) 기본 회복운동의 반복으로 시냅스를 통해 발목 인대에서 경추에 이르기까지 인체의 모든 정보를 전달한다.

  3) 정보를 전달받은 해당 뇌세포는 정보를 분류하고 잘못된 뇌세포와 사용 불가인 나쁜 뇌세포 데이터는 삭제하고 회복운동 반복으로 새로운 뇌세포를 완성하기 위한 기초, 세부 작업에 들어간다.

  4) 염색체 이상은 나쁜 염색체 염기 서열을 삭제한 후 정상 염색체로 초기화한다. 정상 염기 서열 구축 시간은 문제 염기 서열의 데이터 기간과 양에 따라 달라진다.

  5) 태어날 때부터 주어진 발달시간보다 학습이 시작되면 몸의 기억으로 각 기관과 동작은 대부분 신속히 정리되고 학습된다.

  6) 나쁜 데이터의 삭제와 새로운 뇌 학습으로 발생하는 막대한 열은 긴 한숨, 하품, 졸림으로 해소한다.

  7) 뇌세포가 정리되어 제 역할을 하게 되면 관련된 세포 조직, 신경, 장기, 뼈, 근육, 연골, 힘줄 등 잘못되거나 변형된 것들을 새롭게 되돌린다.

  8) 회복운동을 할 때 발목에 나타나는 락(lock)은 뇌 문제를 나타내는데 발 들어올리기로 발목 인대 경직과 힘줄 떨림, 발가락 움직임 등이 나타나면 상위 척추 이상 등을 예측할 수 있다. 발 들어올리기로 척추 변형이 회복되면 발목 경직과 힘줄 떨림, 발가락 움직임이 사라지는 것을 볼 수 있다. 올바른 자세를 취하고 스트레칭과 회복운동 반복으로 뼈 변형과 척추 문제를 원상으로 되돌리게 된다.

  9) 뇌 이상과 뇌 상태는 락(lock)이 사라지고 발목뼈가 안으로 휘고 돌아오는 정도로 손상 정도를 알 수 있고 당김과 편안함과 시원함으로

회복 정도를 알 수 있다.

10) 척추와 근육 등은 발 들어올리기 동작을 통해 인대 강직이나 떨림과 발가락 움직임이 나타나는 것으로 손상 상태와 회복 정도를 동시에 알 수 있다.

4. 뇌신경 손상의 기능 회복을 위한 메커니즘

기계는 제어장치가 고장 나면 기능을 못 하지만, 스스로 생각하는 인간은 뇌 학습으로 기능을 회복할 수 있다. 뇌도 각 기능의 실행과 제어가 나뉘어 각각의 생각과 연결되어 동작을 하지만 단순히 기계적으로 보는 것에는 한계가 있었다. 로봇이 기능적으로는 인간을 뛰어넘어도 인간 각자에게 다르게 존재하는 마음이라는 것을 담을 수 없으니 기계에 불과하다. 로봇의 제어장치 고장으로 멈춘 팔다리 부분을 만진다고 기능이 회복되지 않지만 사람은 회복된다는 것이 임상 결과다.

기계는 제어장치가 고장 나면 전체 기능이 멈추지만, 인간은 뇌가 손상되어도 엔진인 심장과 몸의 기관은 뇌와 상관없이 작동한다. 인간은 뇌 학습으로 뇌 질환과 내부 손상이 회복되는 것도 가능해 뇌의 발전은 아직도 신비의 영역이다.

재활과 달리 감각과 운동 기능을 시냅스 뇌 학습 활성화로 회복한다는 임상은 우리가 세계 최초다. 감각과 운동 기능에 장애가 나타났을 때 기계적인 접근 방법이 아닌 뇌 회복 메커니즘 이해를 바탕으로 시냅스 활성화로 이어질 때 더욱 완전에 가까운 회복을 기대하게 된다.

몸의 마비된 기능을 회복하기 위해 수술과 약물, 전기 자극기 등과 침이나 부황, 추나 요법 등의 양·한방 재활 요법뿐 아니라 줄기세포 치료와 디지털 재활 방법 등이 이용되고 있다. 하지만 이러한 재활 방법도 뇌와 신체 기능의 상관관계에 대한 이해가 없이는 회복의 한계가 있다. 뇌졸중으로 오는 편마비는 한쪽 팔다리뿐 아니라 눈과 입과 귀까지 영향을 받는다. 척수가 손상되면 뇌 신호를 전달하던 신경이 손상된 만큼 마비가 오지만 지속적으로 회복운동을 하면 많이 회복할 수 있다. 회복운동은 최소한 서고 걷지 못하는 분들의 경직을 막는 효과와 인체 내부의 기능을 향상하는 효과까지 있다. 이처럼 인체의 작동 원리는 기계의 작동 원리 개념과는 다르다.

뇌신경 손상으로 인한 팔다리와 언어 마비, 눈 감김, 소·대변 장애, 편마비와 완전 마비 등 복합적 기능을 회복하는 것 역시 뇌 회복을 통한 재활이 되어야 한다. 뇌 시냅스의 중요성을 알게 된 지 이제 10여 년밖에 지나지 않았지만, 그 짧은 기간에 박사급 연구자가 세계적으로도 10만 명이 넘을 것이라고 한다. 그만큼 이제 뇌 손상에 대한 해결법을 찾기 시작했다.

최근 들어 의학과 과학의 디지털 발전으로 인체에 바이오칩을 삽입하거나 고도화된 AI 알고리즘을 이용해 뇌 파장을 외부 컴퓨터나 기기에 연결하여 일부분 디지털화를 구현하고 있다. 뇌 신호의 모든 뉴런의 사용이 가능할지와 손상으로 뇌파가 일정하지 않거나 그나마 남아 있는 퇴행성 뇌질환 등과 관련한 의료기기들을 뉴럴링크, 싱크론, 프리시즌유로사이언스 등 여러 곳에서 미래 산업으로 여기며 개발을 주도하고 있다. 또한 척수 손상으로 마비된 쥐의 신경을 회복시켜 다시 걷게 하는 데 성공했다. '게놈' 설계도는 진화나 인위적인 방법으로 해결되는 것이 아니다. 인체 회복운동은 초기의 문제 되는 설계도까지 지우고 새롭게 뇌세포가 회복되는 차이를 임상으로 알 수 있다. 디지털 발전으로 척수 신경이 단절되었을 때 징검다리 역할을 하는 부분적인 수단은 필요하고 기대된다.

뇌신경 마비의 회복 임상 실체와 한계

뇌신경이나 척수 신경의 단절은 전신 마비 혹은 하반신 마비로 나타난다. 뇌와 신경에 대한 전문인들조차 회복 정도에 대해 회의적이다. 더구나 완전 마비와 하반신 마비의 경우 일정 기간 증세가 지속되면 척수 손상은 회복이 불가능하다고 여겨졌다. 하지만 소뇌 시냅스 회복운동을 계속 진행하면 변화를 보이며 서서히 회복되는 경우가 많다. 쉽게 포기해서는 안 된다.

척수 신경 또한 순간보다 빠르게 반응이 전달되던 것이 손상된 만큼 아주 느리게 전달되는데 대부분 몇 초도 기다려 보지 않고 회복이 안 됐다고 판단한다. 회복운동 후 집중해서 관찰하면 서서히 조금씩 빠르게 개선된다는 것을 알 수 있다. 걷지 못할 때는 여러 건강 문제와 관절 경직 등이 발생하는데 회복운동이 걷는 운동을 대신할 수 있다.

뇌 개념과 소뇌 관련 회복 임상의 실체

뇌 질환과 뇌신경 손상으로 인해 인체 내·외부 기능에 장애가 나타날 때 수술과 약물과 재활 등으로 회복을 도왔다면 그에 더하여 소뇌 시냅스를 이용해 뇌와 인체 스스로 회복되는 것을 볼 수 있다.

그동안 뇌 문제의 여러 가지 장애를 치료하는 것은 수술과 약물, 재활이 아닌 다른 방법을 생각할 수 없었다. 소뇌 시냅스로 뇌가 학습하여 어느 정도까지 회복되는 것을 확인할 수 있는 방법도 없었다. 뇌 학습 임상으로 염색체 이상과 신체 내·외부 문제의 회복 역할과 범위와 기간을 정확히 알 수는 없으나 분명한 것은 회복되는 임상 결과가 있다는 것이다. 이 부분은 전문의들과 함께 규명하려고 노력해야 한다. 그동안 염색체 이상 등 갖가지 뇌 문제로 인한 내·외부 손상을 입은 장애들에서 수술과 줄기세포 치료, 약물 치료가 아닌 뇌 스스로의 회복을 위한 순서와 질서가 있다는 것을 소뇌 학습 임상으로 알게 되었다.

• 회복의 의미: 뇌는 선천적·후천적인 문제로 장애가 있을 때 회복을 해도 완전히 제 기능을 못 하지만, 그동안 쌓인 나쁜 데이터를 삭제하고 새롭게 구축하는 단계가 있음을 알게 된다. 특이한 점은 이미 정해진 DNA의 시간표에 따라 교육을 받고 경험을 하면서 뇌를 완성해 가는데, 뇌 문제가 소뇌 시냅스 학습으로 새롭게 회복되는 것을 상상할 수 없었다.

이제 과제는 DNA 문제까지 정상 설계대로 전환되어 잘못된 것을 삭제하고 새집을 짓듯 토목공사를 하고 기초를 다지고 기둥을 세워 새로운 기능을 하게 되는 것을 임상으로 알게 된 것을 규명하는 데 있다. 새롭게 만들어진 세포가 일반적인 자연스러운 성장 학습 과정과 다른 점은 인위적으로 인체 동작을 학습시켜 주면 전체 기능과 연동해 작동하는 데까지 반복해 뇌에 인지시켜 주어야 한다는 것이다.

머리로는 손바닥을 부딪쳐야 소리가 나는 것을 알면서도 부딪쳐도 괜찮다는 경험이 없이는 시늉만 하게 된다. 손가락으로 사물을 붙잡을 때도 상황에 맞게 어느 정도의 강약과 지속 시간을 가져야 하는지 학습해 줘야 한다. 이를 숙달하기 위해서는 뇌에 각인될 때까지 해줘야 하는 데 오래 걸리지는 않는다.

다행스러운 것은 모든 동작 시스템을 넣어주지 않고도 큰 동작과 작은 동작을 입력해 주면 그동안의 경험을 몸이 기억하기 때문인지 빠른 시간 스스로 완성해 가는 것을 볼 수 있다.

뇌 손상으로 인한 학습 후 회복과 함께 나타나는 증상이 있다. 마음으로는 의미를 아는데 몸은 쉽게 일어서지 못한다. 일어서는 데 필요한 기능에는 문제가 없는데 쉽게 일어서지 못하는 이유는 마지막에 일어서지 못했던 트라우마가 원인이다. 이럴 때는 이제는 서도 괜찮다는 것을 몇 번 경험하게 도와주면 이후에는 쉽게 동작한다.

팔과 손가락 감각과 운동 기능

편마비의 경우 회복운동으로 다리와 상이한 팔과 손가락에 변화가 있을 것이라 생각하는 건 쉽지 않다. 뇌는 한 번에 회복되는 것이 아니다. 팔다리는 연동되어 있어 발에서 시작해 팔과 손으로 이어지는 변화는 운동 담당인 퍼킨지 세포의 변화에 맞게 정교하고 정확하게 길고 짧게 회복운동을 시행했는지 여부에 따라 달라진다. 시냅스 자극 학습으로 변화가 시작되면 뇌 명령 전달에도 손상 정도 회복에 따라 신호 전달 시간에 차이가 있어 회복에 차이를 보인다.

- **회복의 의미**: 팔과 손가락 마비는 대부분 늦게 돌아오는 경우이기에 손상을 뇌와 연결 짓는 재활 방법을 생각하기가 쉽지 않다. 1차 회복운동으로 몸 상태의 정보를 스캔하여 시냅스를 통해 새롭게 학습된 다리를 시작으로 연동된 팔과 손가락 회복의 운동 담당인 퍼킨지 세포의 변화에 따라 연동되어 있는 팔 감각과 운동 기능을 회복해 가는 것을 볼 수 있다.

인체 기능 상태 정보는 다리와 팔의 회복운동 동작을 눈으로 확인하면 더 활성화된다. 관련 부위 근육들의 당김이나 아픔이 시작되면 앗! 하는 표현이 연결된 각 부위의 감각과 운동 기능 회복의 인지를 강화하고 일치시켜 주는 데 도움이 된다. 회복운동으로 발이 회복된 후 보편적으로 팔과 손가락 감각과 운동 기능 순으로 회복되는데 이는 사람마다 차이가 있다.

걸을 때 팔을 흔들어 보면 온몸이 연동되었다는 것을 알 수 있다. 뇌 손상이 없는 평상시엔 서고 걷는데 팔을 흔들지 않을 수도 있고 걷지 않고 팔 흔들기 동작만 할 수도 있다. 팔 회복은 대부분 발목을 올리고 내리는 동작으로 시작해서 어깨와 팔과 손가락으로 옮겨가게 된다.

뇌 코드와 각 동작에 맞추는 단계로 감각과 운동 기능 변화를 더하기 위한 팔 운동 방법은 다음과 같다. 마비된 팔의 팔목을 잡고 한 손으로는 팔꿈치를 잡고 접어 수직으로 어깨 부위까지 올라와 45도 대각선으로 뒤로 펴서 1/10만큼 힘을 줘 뒤로 3초간 밀다 원을 그리며 앞으로 내린다. 팔의 큰 근육부터 깨우면 겨드랑이나 어깨 등이 당겨지는데 시원한 부위를 말하게 하여 뇌 인지에 각인되도록 도움을 준다. 다만 팔 운동력을 완전히 잃은 경우가 있는데, 예외일 수 있으나 어깨 들기를 반복하다 보면 느낌에 변화가 없는 분들이 있다. 드문 일이지만 이때는 탈골이 되었을 수도 있어 전문의의 검진과 지도가 필요하다.

뇌 손상으로 인한 팔다리 기능 마비

뇌와 팔다리의 관계

기본 회복운동으로 발목을 끌어올릴 수 있게 하는 데에 집중하면 뇌 활성화로 많은 변화가 나타난다.

- **회복의 의미**: 스스로의 힘으로 발목을 끌어올리고 내리는 만큼 서고 걸음을 뗄 수 있다. 발목 올리는 각도가 부족하면 부족한 만큼 걸음 보폭을 줄인 잔걸음으로 걷는다. 발목을 끌어들이는 힘이 부족해서 넘어지지 않고 중심을 잡기 위해 보폭을 줄이기 때문이다.

나이가 들어 잔걸음을 하시는 분들도 회복운동만으로 바른 걸음을 걷게 된다. 편마비의 경우 발목 변형이 일어나고 발목 끌어올림이 완전하지 않을 경우에 걷게 하면 넘어지기 쉬워 조심해야 한다. 이는 고관절 변형의 원인이 될 수도 있다.

발목 인대 힘이 부족하고 무릎과 대퇴 근력이 부족하면 고관절이 힘을 보상하기 위해 고관절을 빙 돌리며 걷게 된다. 무릎과 골반으로 걷게 되어 무릎 연골이 손상되고 골반이 틀어진다. 발목이 안쪽으로 휘는 변형은 발목을 끌어올리는 부족한 힘을 중심을 잡기 위해 필요치 않은 팔 흔들기를 하게 된다. 서고 바른 걸음 걷는 것은 발목에 달려있고, 팔에도 영향을 준다.

편마비의 경우 정상적인 팔다리 동작 역할을 먼저 보여주는 시각적 동작 정보는 손상된 팔다리 기능 동작 실행에 도움이 된다(이는 매번 기본 회복 운동 후 시작된다).

- 뇌 기능이 손상된 만큼 팔다리 감각과 운동 기능의 마비 정도도 다르게 나타난다.
- 좌우 팔다리는 연동되어 있기에 손상되지 않은 한쪽 팔다리도 어눌해져 있다. 손상된 쪽과 손상되지 않은 쪽을 각각 3:1 비율로 회복운동을 한다.
- 팔 재활 회복은 대부분 다리의 감각과 운동 기능 회복을 우선해야

한다.
- 다리의 회복이 진행되면서 팔 회복 변화로 이어지기 시작한다.
- 손상되지 않은 쪽의 어깨 돌리기를 한 뒤에 마비된 쪽 어깨를 돌리도록 한다.
- 팔 기능 회복을 위해 어깨 근력을 깨우는 준비로 팔을 들어올려 45도로 뒤로 젖혀 당김을 느끼는 곳에서 앗! 하는 소리로 표현하게 한다. 그 지점에서 1/10만큼 힘을 뒤로 하다 반원을 그리며 앞으로 온다. 반드시 당기거나 시원한 부위를 말하게 하여 뇌 인지에 각인될 수 있게 한다.
- 회복운동 후 손가락을 집중해 움직이게 한다. 움직임이 없거나 작으면 손가락을 맞대어 밀어 전달되는 힘의 느낌을 키워준다.
- 손가락 전부를 잡고 위로 밀면 팔목이 당기는 곳에서 앗! 하는 소리로 표현하게 하고 1/10만큼 3초간 뒤로 젖히며 당기거나 시원한 부위를 말하게 한다.
- 뇌 손상은 양팔과 양다리의 동작을 일치하기 위해 양팔을 내리고 팔목만 흔들게 하고, 다리는 90도 든 상태에서 가위차기 동작을 하게 한다.
- 다음으로 대근육 운동으로 올라가 양팔을 옆으로 올려 위아래로 날갯짓하듯이 움직이게 한다.

뇌와 발가락 관계

기본 회복운동은 모든 회복의 시작점이다. 특히 발가락의 움직임은 중요하다. 이는 발가락 힘만으로 체중의 중심을 잡고 갖은 동작들을 하는 발레 선수들을 보면 쉽게 이해할 수 있다.

- 회복의 의미: 발가락마다 손으로 뒤로 밀고 당기는 동작을 먼저 보게 한 후 발가락에 집중해 밀고 당기는 동작이다. 다음으로 발가락 모두를 밀어주어 발가락 힘으로만 되밀게 한다.

발가락을 위아래 엄지와 검지로 꼬집듯 누르면 자극으로 바로 앗! 할 정도로 감각을 찾아준다. 발가락 감각이 늦으면 서거나 걸을 때 뇌는 해당 부위에 에너지를 보내지 않는다. 뇌가 인지하고 깨어나게 할수록 힘도 돌아오고 감각도 명확해진다. 발가락 건강 상태는 전문의의 진단을 받아 확인한다.

5. 뇌신경 손상으로 인한 여러 가지 문제의 메커니즘

뇌신경에 손상을 입으면 서고 걷지 못하는 것뿐 아니라 말을 하지 못하거나 눈을 뜨지 못하며, 눈동자가 돌아가 시야 초점을 맞추지 못하거나 소리를 지르기도 하는 등 여러 가지 형태로 나타난다. 치료를 받은 뒤에도 완전히 회복되려면 단순해 보이는 회복운동을 통해 뇌 학습이 필요하다. 이때 회복되어도 사람마다 차이가 있다.

의학과 과학의 연구로 최선의 노력을 기울이는 중이나 인체 회복은 아직 모르는 부분이 많다. 서로 다른 인체 회복들을 공유하고 검증하기 위해 함께 노력할 때 인체 회복은 빨라질 수 있다. 발병 예방과 수술 후 회복 방법은 양방·한방·민간요법 모두의 것들로 협업할 때 더욱 높은 회복을 기대할 수 있다. 물론 무분별한 방법으로 아무 치료나 남발한다면 오히려 해가 되기도 해 구분해야 한다.

눈의 회복 재활

두 눈은 운동거리에 맞는 정확도로 목적한 일들을 할 수 있다. 한쪽 눈을 감고 행동해 보면 처음에는 어지럽고 거리감과 입체감이 많이 떨어져 불안하게 된다. 다행히 한쪽 눈으로 보는 것이 생활하기는 어렵지만 나름대로 적응은 된다. 하지만 안압 차이는 남은 한쪽 눈마저 실명되게도 하기에 실명 예방을 위해서는 신경과와 안과 진료를 받아야 한다.

뇌 손상으로 단순히 눈을 뜰 수 없어 보지 못하는 경우가 있다. 기계는 고장 부위 부품만 교환하면 되겠지만 사람은 각 동작들이 유기적으로 연동되어 있어 고장 부위와 연결된 상위 명령에 따라 잠겼던 눈이 떠지는 회복을 볼 수 있다. 눈을 깜박일 때 움직이는 주위 근육 동작들이 학습으로 회복되는 보완 관계에 있음을 임상으로 알게 된다.

눈이 감긴 경우

뇌 손상으로 한쪽 눈을 못 뜨는 경우 눈을 떠보라고 하면 더 감기는 것을 볼 수 있다. 눈 뜨라는 명령을 끝 부위가 임무 수행을 못 하지만 천장을 보라는 상위 부위 명령으로 감겼던 한쪽 눈까지 떠지는 것을 볼 수 있다. 계속적으로 반복해서 위로 뜨게 하는 하위 신경과 근육 기능들을 반복 학습하게 하고 스스로의 힘으로 떠보라고 하면 감겼던 눈이 떠지는 것을 볼 수 있다.

뇌 손상으로 눈 초점이 돌아간 경우

눈 초점이 돌아가면 정면은 볼 수 없고 시야가 매우 좁아진다. 이때는 눈을 뜨게 했던 연결 기능과 견인된 메커니즘을 이용한 방법을 실행한다.

우선 두 눈을 정면을 바라보게 하고 돌아간 초점 위에 손가락을 맞추고 손가락을 원래 초점의 중앙으로 손가락을 따라오도록 반복한다.

초점이 중앙으로 돌아오면 이와 관련한 뇌 이상도 많은 부분 연관되어 회복되는 것을 볼 수 있다. 눈의 정보가 뇌와 연결되어 있어 사물의 공간감과 거리감 등이 더욱 명확해진다.

뇌 손상으로 인한 언어 재활

뇌의 언어 기능이 손상된 정도에 따라 말을 할 수 없거나 어눌하게 말하거나 악을 쓰는 모양으로 나타난다. 먼저 괴성을 지르는 분들은 정신적인 문제가 있을 수 있으나 평소 성격이 급했던 분들일 수도 있다. 자신의 원하는 요구를 언어 표현이 안 돼 괴성처럼 내뱉는 경우도 있어 쉽게 단정 짓는 것은 피해야 한다.

• 말을 못 하는 것인지 알아보는 방법: 말은 마음의 욕구를 뇌가 수행해 나오게 된다. 완전한 기능 손상으로 말을 할 수 없는 경우도 있다. 말은 단전에 모인 공기가 기도를 거쳐 상악과 하악과 혀 모양에 따라 만들어진다. 이때 단전에서 올라오는 공기의 세기로 소리의 정확성과 크기가 결정된다.

뇌 손상으로 공기를 모으는 정도와 기도와 입 구조의 마비 상태 정도에 따라 각 기능의 문제들로 말이 어눌해져 알아듣기 어렵다. 그렇지만 입으로 소리를 낼 수 있다면 다른 말도 할 수 있다는 반증이다.

태어날 때 듣지 못하면 말을 하지 못한다. 성대 떨림 등 여러 가지 방법으로 말을 할 수 있게 되지만 어눌하게 말하는 것과 의미를 완전히 이해했다는 것은 구별해야 한다. 말을 잘 하던 분도 뇌 손상으로 말을 일시적으로 못 하는 경우가 있다.

뇌성마비 환자가 말하는 데 특별히 필요치 않은 팔다리에 힘이 들어가 꼬이듯 경직되는 것을 보면 알 수 있다. 말할 때 뇌는 부드럽고 여유 있게 해야 한다. 시술자가 먼저 말하고 따라하게 하는 방법으로 입을 뗄 수 있게 도와줘야 회복이 빠르다.

뇌 손상으로 말을 할 수 없는 경우

뇌에 손상을 입은 사람에게 말을 시켜보면 말은 하려고 하는데 첫 음의 시작이 안 돼 스스로 포기하고 만다. 이럴 때는 먼저 말을 하고 함께 동시에 말하는 방법이 좋다. 자주 쓰는 쉬운 단어를 미리 알려주고 먼저 말할 테니 듣고 함께 되풀이하도록 하며 쉽게 시작을 유도해 줘야 한다. 인내가 필요한 분들도 있다.

- 말을 어눌하게 하는 경우: 뇌가 손상되면 말이 어눌해지는 건 당연하다. 자신의 말을 상대가 알아듣지 못하는 답답함을 이해해 주고 서둘지 말아야 한다. 마음속으로는 정확하게 말하지만 알아들을 수 있게 하려고 힘을 쓰면 쓸수록 오히려 방해가 된다. 이와는 반대로 뇌 기능에 문제가 없으면 힘들이지 않고 말을 한다.

마비된 구강구조로는 절반의 말소리를 내는 것조차 당연히 어렵다. 이럴 때는 표현이 복잡다단한 언어 훈련보다는 배열이 규칙적인 숫자 읽기가 발음 교정과 소리 크기 회복에 도움을 준다. 수준에 맞게 숫자를 1단위에서 1백만 단위까지 같은 숫자가 겹치지 않도록 작성해 처음에는 5행에서 시작해 10행까지 늘려간다. 이때 큰 소리를 내어 읽는 것이 중요하다. 아울러 단전에 힘을 모으는 단전호흡과 입을 크게 벌리는 동작으로 입 주위 근력을 깨우는 동작도 도움이 된다(4장의 뇌성마비 부분 참고).

6. 뇌 감각과 운동 기능의 실행 메커니즘

뇌는 전문인들의 영역으로 전문의가 아니면 알기 어려운 분야다. 뇌가 손상되면 뇌 검사에서부터 수술과 약물 등 전문의 치료 후 재활 치료를 한다. 첨단 검사기기의 발전으로 더욱 정확하게 원인을 밝힐 수 있고 치료 방법도 나날이 새로워지고 있다. 하지만 이 치료 방법들이 잘못된 뇌를 새롭게 회복시킬 수 있는 방법들은 아니다. 정신 장애는 수술보다 약물 치료에 의존하고 있으나 약물로 인한 폐해도 증가하고 있다.

전쟁이나 큰 사고와 같은 일을 겪으면 트라우마(심리적 외상)에 시달린다는 정도는 상식이 되었다. 뇌 손상이 아니더라도 어떤 일과 환경에서 겪는 두려움은 기억으로 남아 같은 조건이 되면 민감하게 반응한다는 것이 의학적으로 연구되어 있다. 이처럼 뇌 손상으로 만들어진 문제를 해결했는데도 그 기억에서는 쉽게 벗어날 수 없을 정도로 미지의 영역이 뇌다.

스피커가 찌그러지면 소리가 괴상하게 나지만 바로 잡아주면 정상적인 소리가 나온다. 인간의 뇌는 그 이상이다. 뇌성마비로 말을 할 때 힘이 부족한 사람도 팔다리 경직을 줄이는 회복운동을 실행하면 바로 서고 걷고 말소리도 쉽게 나온다. 이렇듯 뇌는 어느 한 부분의 문제가 아닌 몸 전체와 연결되어 있다.

회복운동의 의미

말하는 데에는 팔다리나 안면 근육이 경직될 이유가 없다. 하지만 마비가 있으면 말하는 데 영향을 받는다. 서고 걷지 못하는 이유는 뇌 손상과 질병, 노화 등 다양한 원인이 있다. 이렇게 깨지거나 무너진 인체를 뇌 학습 회복운동으로 예방도 하고 회복도 시키는 것이다. 그동안 뇌와 인체와의 관계 기능에는 뇌 회복 교육과 훈련은 빠져 있었다. 하지만 뇌가 손상되었을 때 회복운동을 하는 것은 인체 회복의 시작이고 끝이라 해도 부족하지 않다.

뇌와 회복운동의 학습

기본 회복과 세부 회복과 세부 심화 회복이 끝나면 새롭게 구성된 뇌세포마다 각각의 동작과 여러 가지 동작을 동시에 할 수 있는 응용 연결 학습으로 이어져야 한다. 새롭게 학습한 동작과 명령어대로 두세 가지 동작을 자유롭게 할 수 있도록 뇌세포를 반복 학습을 시키는 것이 회복운동이다. 어느 정도 회복되면 세부 심화 응용동작 회복을 실시할 수 있다.

몸을 운용하는 뇌와 장내 미생물 유전체

(자료: 양일권 한의학·보건학·천연치료 박사)

1. 개요

뇌는 혈액을 통해 산소와 여러 필요한 영양분을 공급해줘야 건강하게 유지된다. 맑은 공기와 건강한 식음료를 섭취하면 장내 미생물이 뇌와 인체의 건강을 지켜준다.

세포는 몸의 가장 작은 생명 단위다. 우리 몸은 몇 개의 세포로 구성됐을까? 세계가 인정하는 센터에서 발표한 바로는 65Kg 몸무게를 기준으로 인간에게는 30조 개의 세포와 39조 개의 장내 미생물이 있다고 한다. 이는 PCR 증폭 방법으로 알아낸 것인데 상용화된 지 10년 안팎이다. 우리 몸에는 39조 개의 미생물이 있고 그중에는 유익균도 있고 유해균도 있다. 건강한 사람은 유익균과 유해균이 2대 1의 균형을 갖추고 있다고 한다.

유해균이 좋아하는 음식을 먹는 사람은 균형이 깨져 디스바이오시스 장내 미생물 불균형이 된다. 유익균이 힘을 쓰지 못하고 균형이 깨지면 유해균은 계속 독소를 만들어 내는데, 이는 여러 가지 질병으로 이어진다. 질병의 97%가 장내 유해균으로 인해 발생한다고 한다.

- 인간 게놈은 약 2만 2천 개의 유전자로 구성되었다. 인체 내 미생물은 2백만 개로 인간 게놈 유전자보다 약 1백배 많다.
- 모든 인간은 게놈이 99.97% 일치한다. 흑인과 백인의 게놈 차이는 단지 0.03%다. 인간 내에 존재하는 미생물 균주는 80~90% 서로 다르다.
- 인간이 겪고 있는 질병의 90% 이상이 장내 미생물균과 연관되어 발생한다. 이것이 같은 약을 먹어도 누구는 치료되고 누구는 치료되는 않는 이유이다.

2. 장내 미생물이 인체에 미치는 질병들

- 자기면역 질환: 아토피, 천식, 알레르기, 갑상선 질환.
- 간 질환: 비알콜성 지방간, 간염, 간경화증, 간암.
- 장 질환: 입맛, 과민성대장증후군, 대장암 등.
- 뇌 질환: 치매, 파킨슨병, 우울증, 자폐스펙트럼, 성격 이상.
- 심혈관 질환: 동맥경화, 고혈압, 심근경색, 뇌졸중 등.
- 대사 질환
- 유해균과 유익균: 인간의 불치병과 난치병과 관련한 장내 미생물을 읽어볼 수 있는 최첨단 기술이 상용화된 것은 10년 정도밖에 안 되었다고 한다. 질병들은 장내 미생물로 결정된다고 한다. 장

내부에 뚱뚱이균이 살면 살이 찌고 날씬이균이 살면 살이 안 찐다는 것이다.

3. 한국인 표준 장내 미생물 분포도

- 유익균 1: 비피도박테리움 15%
- 유익균 2: 락토바실러스 10%
- 유해균: 클로스트리튬 15%
- 중간균: 박테이로데스 60%

※ 건강한 30대 한국인을 대상으로 조사(출처: 한국의과학연구원)

장내 미생물을 바꿀 수 있는 음식과 운동, 스트레스를 조절하는 프로그램을 진행한 결과 유익균은 증가하고 유해균은 감소했다고 한다. 음식 조절과 운동 등으로 장내 불균형이 회복된다. 또한 장내 미생물 중에 유익균이 증가하면 장내 중간 고리 역할을 하는 단쇄지방산이 발생하여 당뇨병이 치유되기도 한다.

4. 항생제와 장내 미생물

(J. Clin Invest. 2014 Oct, 124(10): 4212-8)

항생제를 많이 먹는 사람은 장내 미생물 박테리아가 죽고 다시 살아나도 작게 만들어진다. 항생제를 먹으면 내성균만 살아나는데 대부분 유해균만 살아남아 건강을 해친다.

항생제는 수평 이동을 한다. 인간이 직접 항생제를 먹지 않더라도 항생제를 먹은 동물이나 어류를 인간이 먹으면 수평 이동을 통해 인체에 축적된다. 내성유전자가 문제인지 박테리아파지가 붙어 있어서 유익균 속으로 들어가 내성균이 된다. 이처럼 항생제에는 양면성이 있기에 주의해서 사용해야 한다.

5. 동물성 식품 섭취와 대사 질환
(GUT MICROBES, 2017, Vol. 8, No. 2: 130-142)

서구화 식사, 장내 미생물 불균형, 대사 질환의 연관성
고지방식이는 유해균 수를 증가시키고 장내 미생물의 다양성을 감소시킨다. 또한 장내 미생물 균형을 파괴하고 대사 질환을 유발한다. 채식 위주의 식사로 대체했을 때 48시간 이내에 장내 미생물 층이 현저하게 변화하기 시작한다. 하지만 다시 예전의 식사로 돌아가면 유해균이 다시 증식된다.

6. 고지방식이와 장내 미생물 층 및 소화기계 질환의 관계
(Journal of Gastroenterology, 2016 Oct 28, 22(40): 8905-8909)

동물 실험과 인간 실험의 결과가 같다. 고지방식이로 박태로이데테스(날씬이균)이 감소하고 퍼미쿠테스(뚱뚱이균)가 증가했다. 반대로 저지방식이로 박태로이데테스(날씬이균)이 증가하고 퍼미쿠테스(뚱뚱이균)가 감소했다.

태어날 때 아기는 탯줄을 통해 유입되는 미생물이 거의 없고 2~3세(1,000일) 동안 먹은 것으로 장내 미생물이 형성된다. 이때는 성인의 장내 미생물 층 분포와 비슷해진다.

한번 형성된 미생물 균형은 웬만하면 깨지지 않고 평생 동안 유지된다. 그러나 4일만 특정 식단으로 개선해도 장내 미생물 층의 다양성과 수가 현저하게 변한다. 8주 동안만 식단을 바꿔도 뚱뚱이균과 날씬이균이 서로 바뀐다. 그만큼 채식은 장내 미생물 층에 도움이 된다.

7. 채식주의 식단과 장내 미생물 층 대사 및 심혈관 질환 지표의 중요한 변화

(Nutrition Reviews, Vol. 74, Issue 7, 2016 July: 444-454)

채식주의자가 육식주의자에 비해
- 더 높은 박테리아 다양성 증가.
- 유익균 수가 많다.
- 유해균 수가 적다.

8. 미생물 층의 장과 뇌 연결축의 염증 방아쇠로서 고지방 혹은 고설탕식이

(Critical reviews in food Science and Nutrition, 2021: 61)

- 미주 신경을 다리로 한 미생물 층의 장과 뇌로 연결축 발견.
- 장기적인 식습관 → 장내 세균의 설탕 과다 섭취로 유해균 증식, 장벽 기능 장애, 염증 증가.

9. 설탕이 만성 염증을 일으키는 네 가지 기전

Health.com(2020. 03. 30.)

1) 당분 + 단백질 + 지방 → 최종 당화 산물(AGE) 생산 → 염증 발생
2) 설탕 과다 섭취 → 장내 유해균 증식 → 독소 증가 → 장 누수 증후군 → 장 독소의 혈액 유입 증가 → 염증 발생
3) 설탕 섭취 → 체지방 증가 → 인슐린 저항성 증가 → 인슐린 증가 → 염증 반응 증가
4) 잉여 당분 → 체지방 증가 → 염증성 아디포카인 방출 → 만성 염증

10. 소금에 반응하는 장내 미생물의 Th17 축과 질병 조절

(Nature, 2017 Nov. 15)

소금 많이 섭취하면 장내 미생물에 해로워

막스델브뤼크 분지의학 및 베를린 의대 샤리테 의료원 산하 '실험 및 임상연구센터' 도미니크 밀러(Dominik Miller) 교수는 소금을 과도하게 섭취하면 장내 유산균(락토바실러스)을 죽이고 혈압을 올리며, Th17 helper 면역세포 수를 증가시킨다는 사실을 입증했다. Th17 helper 면역세포는 고혈압 및 다발성 경화증과 같은 자가 면역 질환과 관련이 있다.

한국인은 염분을 과다 섭취한다. 세계보건기구(WHO)의 하루 나트륨 권장량과 한국인 평균 나트륨 섭취량(2011년)을 비교해보면, WHO 하루 나트륨 섭취 권장량은 2,000mg인데 한국인의 하루 평균 나트륨

섭취량은 4,878mg으로 2.4배나 많다.

11. 식품첨가물, 장내 미생물 층 및 과민성대장증후군: 숨겨진 경로

(International Journal of Environmental Research and Public Health, 2020 Nov. 27, 17(23): 8816)

- 식품첨가물은 장내 장벽의 변이 및 면역 반응을 활성화한다. 이 때문에 장내 항상성이 깨지고 장내 미생물의 불균형(dysbiosis) 및 조절 장애를 유발할 수 있다.
- 인공감미료, 유화제 및 식품 착색제는 장내 미생물 변화를 통해 과민성대장증후군의 잠재적인 숨겨진 경로일 수 있다.
- 이러한 미생물 변화는 내장 통증, 염증, 배면 습관의 변화를 유발한다.
- 식품 착색제 및 첨가물은 과민성대장증후군 환자를 위한 식이 보조제뿐만 아니라 식이요법에서 예방적으로 피해야 한다.

스테로이드, 스트레스 및 장내 미생물 군집 - 뇌 축

(Jounal of Neuroendocrinology, 2018 Feb.; 30(2))

- 장내 미생물군 유전체(미생물군과 그 게놈 및 산물로 구성됨)는 신경 전달 물질 및 단쇄지방산(SCFA)을 생성, 면역세포에 의한 사이토카인 방출 조절을 비롯한 다양한 메커니즘을 통해 미주 신경을 통해 뇌 기능에 영향을 미칠 수 있다.
- 반대로, 뇌는 내분비계(시상하부-뇌하수체-부신 및 시상하부-뇌하수체-

생식선 축)의 조절을 통해 장내 미생물에 영향을 줄 수 있다.

12. 채식의 3가지 장점

채식이 건강에 좋은 것인지에 대한 연구 논문은 1923년에 최초로 발표되었다. 그러나 약 2,630년 전인 기원전 605년경에 바벨론 시대의 왕이 이스라엘의 다니엘과 세 친구를 불러서 비교대조군으로 삼아 고기를 먹는 사람과 채식을 하는 사람을 비교했다. 이때 채식을 한 사람들이 왕의 진미를 먹은 사람들보다 살이 오르고 윤기가 나고 지혜와 총명이 더했다고 한다(다니엘서 1:18-20 참조).

첫째, 몸을 독소로 더럽히지 않는다
먹이사슬의 상위 포식자일수록 독소가 많다. 인간이 만든 것들로 환경호르몬의 축적성은 확대성으로 이어진다. 그렇기에 태양을 통한 음식을 1차적으로 먹는 것이기에 과채가 최고의 먹이다.

- 채식의 섬유질은 독소를 배출해준다. 인간은 섬유질은 소화가 안 되는데, 그렇기에 소장과 대장을 지나면서 독소를 붙여서 배변으로 내보낸다.
- 채식의 섬유소는 영양소를 만드는 유익균들의 밥이 된다. 우리 장에는 유익균과 유해균이 있는데 분해할 수 없었던 단쇄영양분을 만들어 독소가 없게 만든다. 하지만 고기와 설탕에는 단백질이 너무 많아 분해되면서 가스와 황이 나오는데 이 때문에 육식을 하는 사람은 방귀 냄새도 지독하다. 독소를 만들지 않기 위해 채

식을 하는 것이 좋다.

- 식이섬유 섭취 연구(mSystems, 2021 Mar. 16; 6(2): e00115-21)

고섬유질, 통곡류(껍질)식이 식품요법은 인간의 미생물 종의 분포를 변경시킨다. 캘리포니아의 UC 어바인 대학교 학생 26명을 대상으로 한 연구에서 하루 15g 미국인 평균 식이섬유 섭취자들에게 40~50g의 식이섬유를 2주 동안 섭취하게 하고 장내 미생물균의 변화를 비교 연구했다. 연구 결과는 다음과 같다.

- 유익균이 섬유소를 분해해 건강에 유익한 단쇄지방산을 생산했다.
- 반대로 섬유소가 부족한 식사를 한 사람들은 대장암과 자기 면역 질환을 유발하거나 백신 효능을 감소시켰다.
- 2주 동안 진행한 고섬유질 식단 중재는 비피도박테리움 및 락토바실러스와 같은 섬유소 분해 유익균을 8.3% 증가시켰다. 약도 아닌 식품으로 유익균이 8.3% 증가했다는 것은 유해균 8.3%가 없어진 것이니 결론은 16% 개선된 것이다.

둘째, 채식은 건강에 더없이 좋은 축복이다

몸의 면역세포의 70%는 장에 산다. 고기나 생선을 먹으면 유해균은 독소를 만들어 면역세포를 괴롭힌다. 그러면 독소에 중독된 면역세포는 자기 세포와 암세포를 구분하지 못하고 자기 세포를 공격한다. 이때 갑상선을 암세포인지 알고 공격하면 갑상선저하증이 발병한다. 또한 피부세포를 암세포로 알고 공격하면 아토피가 발병한다. 한편 공격을 받지 않는 암세포는 오히려 커진다. 이런 이유로 고기 대신 식물성 단백질로 전환이 필요하다.

• 콩 단백질의 질과 양

다음은 단백질 품질평가표(PDCAAS)다. 이는 단백질을 먹으면 아미노산이 되는데 필수아미노산이 다 들어 있고 소화 흡수가 제일 잘 되는 것을 1.00으로 보고 나눈 기준표이다(한국식품과학회 참조).

대두: 1.00	우유: 1.00	달걀흰자: 1.00	
소고기: 0.92	쌀: 0.53	통밀: 0.40	아몬드: 0.23

대두(콩)와 고기의 단백질 함량을 비교하면(단백질 함량 100g) 다음과 같다(농촌진흥청 발표 참조).

대두: 39.3%	돼지고기 : 17.8%
소고기: 19.3%	닭고기 : 24%

• 미국 영양학협회의 채식 식단 권장

(Journal of American Dietetic Association, 2009 Jul.; 109(7): 1266-82)

미국 영양학협회는 완전 채식 또는 완전 채식을 포함하여 적절하게 계획된 채식주의 식단이 좋고 영양학적으로 적절하며 특정 질병의 예방 및 치료에 건강상의 이점을 제공할 수 있다고 한다.

잘 계획된 채식주의 식단은 임신기, 수유기, 아동기, 청소년기를 포함한 생애 주기의 모든 단계에서 개인과 운동선수에게 적합하다.

이 연구는 단백질, 오메가3, 지방산, 철, 아연, 요오드, 칼슘, 비타민D 및 B12를 포함한 채식주의자를 위한 주요 영양소와 관련된 최신 데이터를 검토했다. 채식주의 식단은 이런 모든 영양소에 대한 현재 권장사항을 충족할 수 있다.

과학적인 결과를 바탕으로 검토한 결과 채식주의 식단이 임신 중에 영양학적으로 적합할 수 있고 산모 및 유아에게 긍정적인 건강 결과를 가져올 수 있음을 보여주었다.

채식주의 식단은 허혈성 심장질환으로 인한 사망 위험을 낮춰주는 효과가 있다. 채식주의자는 또한 비채식주의자보다 LDL-콜레스테롤 수치, 고혈압 및 제2형 당뇨병 발병률이 낮다. 체질량 지수도 낮고 암 발병률도 낮다.

셋째, 채식하면 머리가 좋아진다

두뇌의 20% 이상은 오메가 필수지방산이다. 예전에는 성격을 주관하는 심리학과 영양학을 구분하였으나 10년 전부터 심리영양학이란 단어를 만들어 사용하고 있다.

- 장은 제2의 뇌로 두개골 속 뇌와 1:1로 정보를 주고받는다.

뇌와 장의 연결성 관련 연구에서 세계적인 권위자인 UCLA 의대 에머란 메이어(Emeran Mayer) 박사는 장-뇌의 연결축(Gut-Brain Axis)을 발견했다.

우리가 어떤 음식을 먹을 때 장에서 장내 미생물들의 식성이 다르고 분해하는 물질이 다르다. 그렇기에 장내 신경과 미주 신경으로 연결이 되어 있다는 이론이 나왔다. 즉, 장과 뇌가 고속도로처럼 연결이 되어 있다는 연결축 이론이다.

장과 뇌가 직접적인 연결이 되어 있다는 논문은 2017년 발표되었다(Enterochromaffin Cells Are Gut Chemosensors that Couple to Sensory Neural Pathways cell, 2017 Jun. 29; 170(1): 185-198.e16).

소장으로 들어가면 소의 천엽처럼 너풀너풀한 털이 있다. 털은 육모라고 하고 육모 털에 여러 세포가 있는데 그 육모 털에 내장 상피세포의 1백 개 중에 딱 하나 이시세포가 들어 있는 것을 발견했다. 대장의 줄기세포를 이용해 사람 것과 똑같은 것을 만들어 알게 되었다.

기분 좋을 때도 짜증 나고 화가 난다 하면 뇌에서 기분 나쁘고 화난 것이 등줄기를 타고 내려온다. 그것이 신장에서 아드레날린 호르몬을 만들어 미주신경을 타고 이시세포에까지 연결된다고 한다.

아드레날린을 이시세포에 뿌려주면 수용체를 통해 이시세포에 도달한다. 아드레날린은 우리에게 평안하고 행복함을 느끼게 하는 세로토닌으로 바뀌는데 이시세포가 공장 역할을 한다.

예전에는 행복 호르몬인 세로토닌이 뇌의 솔기에서만 만들어지는 줄 알았다. 하지만 그것은 전체의 10%밖에 안 되고 90%는 소장에 있는 육모 1백 개 중 1%밖에 안 되는 이시세포에서 만들어진다는 것이 확인되었다.

결국 무엇을 먹느냐로 장내 미생물의 번식률이 달라지는데 채식을 하면 더 잘 번식하니 유익균이 먹어서 이 섬유질을 분해하면 그 물질이 이시세포에 들어가 세로토닌이 만들어진다. 이시세포는 미주 신경세포와 연결되어 있는데 미주세포에는 세로토닌을 받는 글러브가 있다는 것도 확인이 되었다. 미주 신경세포가 세로토닌을 뇌로 올려주면 기분이 좋고 행복하게 된다. 먹는 음식과 뇌가 이렇게 과학적으로 연결되어 있다는 것이 2017년도에 증명되었다.

이미 180년 전에 '음식물의 권면'이란 책에서 육신의 건강은 은혜 안에서 성장과 심지어 성품의 습득을 위하여 필요 불가결한 것으로 여겨야 한다고 했다. 위장을 합당하게 돌보지 않으면 도덕적인 올바른 품성 형성이 방해를 받는다는 것이다. 두뇌와 신경은 교감 작용을 한다. 잘못 먹고 마시면 잘못 생각하고 행동하는 결과를 초래한다.

벌써 180년 전에 위장과 장과 두뇌가 교감 작용을 한다는 것을 알았던 것으로 채식을 하면 성품까지 변화될 수 있다. 한 예로 당뇨 합병증까지 온 사람이 채식을 하자, 치료가 되었을 뿐 아니라 성격이 온순해지고 인내심과 지구력이 강해졌다는 보고도 있다.

눈물은 최고의 회복 선물

우리에게 눈물이 눈을 정화할 뿐이라면 무슨 감흥이 있었을까 싶다. 눈물은 슬프고 억울할 때만 나오는 것이 아니라 아주 기쁘고 감동했을 때도 나온다. 우리 눈에 마음은 보이지 않지만, 눈물이라는 형체로 마음의 강도와 크기까지 보여준다. 감정 이외에도 생리적으로 외부 이물질이 들어오거나 내부의 신체적 기능 이상을 보호하려고 눈물을 흘리기도 한다. 한편 가식적으로 흘리는 눈물은 자신을 속여 나오기에 마음과 뇌를 망치기도 한다.

우리는 그동안 이 눈물의 기능과 가치를 등한시해왔다. 흔히 웃음을 자주 크게 웃으면 건강에 좋다는 것이 의학적으로 일부 검증되었는데 눈물의 기능과 효과는 웃음보다 더 크다.

웃음에도 기뻐서 웃는 웃음과 어이가 없을 때 웃는 헛웃음 등 여러 가지가 있지만 내면을 표현하는 진정성에서는 눈물의 강도와는 비교할 수 없다. 슬프고 억울해서 혹은 기쁘고 감동해서 흘리는 눈물은 육신의 울분을 삭이기도 하고 망가진 마음과 신체 기능까지 보호하기에 자정 작용과 회복 작용을 한다.

흔히 깊이 잠들었을 때 신을 만난다고 한다. 잠을 잘 자면 건강은 물론이고 유익한 정보, 무심히 지나친 수많은 정보까지 쓸모없는 것은 삭제하고 정리한다는 것이 의학적 연구로 밝혀졌다. 하지만 눈물은 강도와 크기에서 현실이다. 눈물을 자주 흘리는 사람은 그만큼 순화되어 마음이 여리고 순하다고 보아도 틀리지 않다.

눈물은 세포·조직·기관 등을 주관하는 뇌가 표현할 수 있는 것보다 더 높은 깊숙한 내면의 언어다. 눈물은 상대의 공감 영역에 작용하여 자신의 주장을 피력하는 수단으로 때론 말보다 강력하다. 거짓 눈물까지도 그 위력은 상당하지만, 이는 나쁜 데이터로 남아 자신 스스로를 상하게 만든다. 눈물샘에서 눈물이 나오기까지 우리 몸에서 어떠한 물리·화학적 현상을 거쳐 나오는지는 알 수 있지만 그 내면까지는 알 수 없다. 눈물도 기쁘고 아름다운 감동에서 나오는 것일 때가 좋다.

우리 몸의 실체만을 인정하려는 분들은 신이나 영혼을 인정하지 않겠지만 그런 이들에게 오히려 죽음의 두려움과 중압감이 더 크다. 요즘 우리는 과학에 기대어 살아가다 가장 중요한 것을 잃고 있는지도 모른다.

우리의 마지막 숨이 끊어지는 순간 마지막 의식 속에서 흘리는 눈물에는 우리 생의 모든 것이 담겨 있을지도 모른다. 그처럼 감사와 반성, 기쁨으로 흘리는 눈물은 귀한 것이다.

웃는 것도 좋지만 우는 것 또한 중요하다. 기쁘고 감동하고 감격해서 그리고 남의 아픔과 슬픔을 때문에 흘리는 눈물은 내면의 영혼을 아름답게 해준다. 그런 눈물에 하나를 더하라면 감사함의 눈물을 들겠다. 진정으로 감사함에 흘리는 눈물은 어떤 것보다 강하게 하는 최고의 회복 선물이 된다.

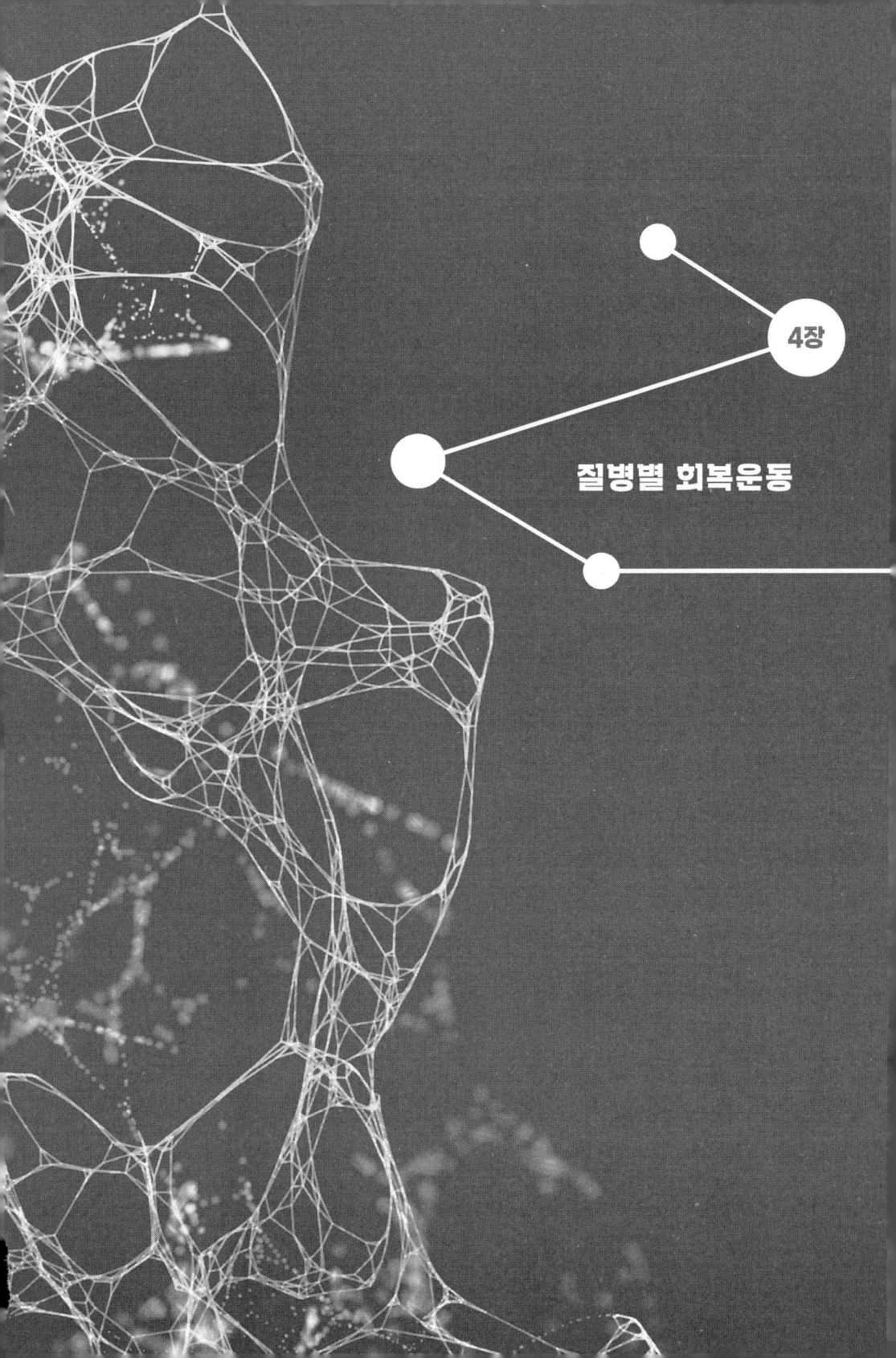

4장

질병별 회복운동

01 뇌졸중

1. 개요

급속한 사회 발전과 변화 속에서 풍요함으로 의료 기술이 발전하는데도 환경 문제와 식습관 문제 등으로 질병은 오히려 증가하고 있다. 특히 뇌세포와 혈관의 문제로 나타나는 질병의 대표 격인 뇌졸중이 오면 삶의 질이 낮아질 뿐 아니라 사회와 격리되는 암울한 시간을 보내게도 된다. 이 장에서는 뇌 손상으로 인한 장애 예방과 재활에 대해 먼저 알아보겠다. 임상 회복 방법은 뒷부분에 기술한다.

2. 정의

뇌졸중(C.V.A. 또는 Stroke)은 뇌혈관 장애로 인한 질환과 사고의 총칭이다. 보통 뇌혈관에 순환 장애가 일어나 갑자기 의식 장애가 오

는 동시에 신체의 반신에 마비를 일으키는 급격한 뇌혈관 질환을 가리
킨다.

3. 원인

뇌혈관이 막히거나 터져서 생기는 두 가지 원인으로 볼 수 있다.

뇌졸중의 원인별 분류
- 뇌출혈(뇌일혈)
  - 뇌실질 내 출혈(주원인: 고혈압)
  - 지주막하 출혈(주원인: 동맥류 파열)
- 뇌경색(뇌경화증)
  - 뇌혈전증(주원인: 뇌동맥)
  - 뇌전색증(주원인: 승모판협착증이나 부정맥 등의 심장병)
- 기타
  - 고혈압 뇌증(뇌의 혈압이 갑자기 높아져서 생기는 병)
  - 일과성 뇌허혈발작증(소위 T.I.A.)

4. 증상

뇌실질 내 출혈

평소 혈압이 높은 사람에게 자주 돌발하며, 보통 낮 동안에 갑자기 발생한다. 출혈이 발생하면 대개 갑자기 쓰러지며 던지는 첫 마디가 "어지럽다", "머리가 아프다"라고 하는 사례가 많고, 구토와 동시에 반

신 마비가 있거나 호흡 소리를 요란하게 내거나 거칠어지고 평소보다 빠르게 숨을 쉬는 경우가 있다.

뇌 안에서 혈관이 터지는 경우이므로 24시간 안에 의식을 회복하지 못하면 위험하다.

지주막하 출혈

연령이 젊은 층에서 많이 볼 수 있는데 의식 장애를 초래하는 경우는 드물고, 마치 도끼로 머리를 패는 듯 심한 두통이 머리 한 부분에서 시작되면서 머리가 터질 듯이 아프고 동시에 구토를 하는 경우가 많다.

뇌혈전증

동맥 혈액의 공급이 끊겨 뇌 조직이 마비되어 일어나는 병이다. 밤에 자다가 발생하는 경우가 많고, 마비도 서서히 나타나 번져간다. 주로 수분을 많이 잃어 탈수 상태가 되었을 때 일어난다. 40~60대에서 많이 나타난다.

뇌전색증

갑자기 발병하며 증상도 뇌출혈과 비슷하다. 심장병 환자와 폐나 기관지 질환 등을 앓던 환자에게서 잘 일어난다. 어린아이도 예외가 아니다.

고혈압성 뇌증

뇌의 혈압이 갑자기 높아져서 생기는 병으로 심한 두통이나 오심, 흔들리는 시야, 졸음과 의식 혼탁 등이 진행되면서 혼미 상태나 혼수 상태에 빠지게 된다.

일과성 뇌허혈 발작증

일시적인 뇌 순환 부전증이면서 뇌경색의 전조 증상이다. 잠시 눈이 침침하고 잘 보이지 않다가 좋아진다든가, 몇 분 동안 말을 못 하다가 풀린다든지, 한쪽 수족에 갑자기 약간 힘이 빠지거나 우둔해져서 일상적으로 수행하던 일을 잘 못 하게 되었다가 몇 시간 내로 회복하는 경우이다.

5. 발병 후 조치와 알아야 할 사항

뇌졸중이 온 부위에 뇌세포들은 짧은 시간 내에 비가역적으로 파괴된다. 그렇기에 신속하고 정확하게 조치할 사항들에 대해 환자의 주변인들이 관심을 기울여 숙지하는 것이 치료와 회복 기간을 단축할 수 있다. 뇌졸중은 갑자기 발병하는 경우도 있지만 대부분은 몇 달 전, 며칠 전 혹은 24시간 전에 전조 증상이 있어 전문의의 상담과 진찰을 받는 것이 중요하다.

6. 응급 처치 요령

뇌졸중으로 쓰러졌을 때

① 절대 안정: 시간, 장소에 상관없이 발병할 수 있는데, 우선 환자를 편한 곳에 눕히고, 몸에 조이는 것을 풀어주어 숨을 잘 쉴 수 있게 하며, 의식이 좋지 않을 때 흔들거나 뺨을 때려서 정신을 차

리게 하는 행동은 절대 하지 말고, 소란하게 하거나 충격적인 언행으로 환자를 불안하게 하는 것은 삼가야 한다.

② 기도 확보: 숨 쉬는 기도를 확보하는 것이 중요한 응급 처치다. 평평하고 부드러운 곳에 눕히고 낮은 베개나 얇은 방석을 한번 접은 정도의 것을 어깨 밑에 깊숙이 넣어서 아래턱을 위로 올려 호흡이 쉽게 해야 하며, 토해내는 토사물로 질식하지 않도록 머리를 옆으로 돌려 눕혀야 한다. 경련과 같은 발작을 일으킬 때는 혀를 물지 않도록 손수건 등을 말아서 윗니와 아랫니 사이에 물려두는 것이 좋다.

③ 아무것도 먹이지 말 것: 뇌졸중으로 쓰러졌을 때 입으로 먹어야 할 특효약이란 있을 수 없다. 먹인다는 것은 대단히 위험하여 기도를 막아 질식시킬 수도 있다.

④ 마비가 오지 않은 건강한 쪽을 밑으로 해서 눕힌다: 마비된 쪽을 몸의 밑으로 하면 토사물이 쉽게 기관지에 들어가므로 조심해야 한다.

⑤ 체위 변경: 체위를 자주 변경해주어 침하성 폐렴을 예방하고, 적어도 두 시간 내에 한 번씩 자세를 바꾸어 욕창 발생에 주의한다.

⑥ 입 속 청결 유지: 의치를 제거하고, 입 속을 자주 청결하게 해주어야 한다. 입 속을 하루에 3~4회 탈지면에 붕산수 또는 소다수를 축여서 닦는 것도 중요하다.

⑦ 배변과 배뇨: 소변과 대변을 못 가리는 일이 많아 신생아를 다루는 요령으로 치워주며, 따뜻한 물로 청결하게 씻고 파우더를 뿌려주는 것이 좋다.

뇌졸중 발작이 일어났다면

① 의복을 느슨하게 풀고, 조용한 곳에 편안하게 눕힌다.

② 환자의 용태를 침착하게 관찰한다(관찰의 핵심).
- 의식이 확실히 있는가?
  - 불렀을 때 대답을 하거나 소리 나는 곳을 쳐다보는가?
- 약간의 의식이 있는 경우
  - 손과 발이 움직이는가?
  - 머리가 아프다고 하는가?
  - 혀가 굳어져 있는가?
  - 토하려고 하는가?

③ 호흡 상태는 어떠한가?
  - 보통인가? 빠른가? 불규칙적인가?

※ 위의 관찰된 상황을 구두와 메모로 의사에게 정확하게 전달함으로써 치료에 많은 도움이 된다.

7. 뇌졸중 회복운동

개념의 차이

기존의 재활의학 개념과의 차이는 뇌 손상으로 나타나는 장애 재활에 더하여 소뇌 시냅스를 통해 새롭게 학습시켜 회복시킨다는 것이다.

뇌 부위별 회복

위에서 언급한 발병 원인과 예방법 및 치료법은 오랜 시간의 경험과 연구를 통한 소뇌 시냅스 회복 방법으로 더욱 완전한 회복을 향해 발전해 갈 것이다.

원인은 같은데 장애는 제각각이라서 그동안의 재활 방법으로는 회복에 한계가 있었다. 하지만 완전한 회복은 어렵다는 의견에 대한 반증을 소뇌 시냅스 학습의 논문과 임상 회복운동으로 증명해 가고 있다.

뇌 손상으로 나타나는 장애의 차이

뇌졸중 발병 후 뇌출혈보다 뇌경색이 발병 과정에서 손상 부위가 여러 곳일 수 있다. 따라서 수술로 안정을 찾아도 짧은 시간에 발목이 변형되고 근육 수축이 심해지며, 회복운동시 통증이 심하고 회복 기간 또한 길어질 수밖에 없어 집중해야 한다. 발병 전에 전조 증상이 있듯이 발병 후 나타나는 장애의 회복운동시에 나타나는 락(lock) 등으로 다른 부위 전조 증상을 예측할 수 있다.

뇌와 다리와 수명

어르신들이 넘어져 고관절 수술을 하고 나면 1~2년 후 사망하시는 분이 많다. 이는 고관절과 뇌가 깊이 연관되어 있다는 것을 알려준다. 고관절을 수술하면 서고 걷고 움직일 수 없어 소뇌 시냅스를 자극할 수 없으니 급속한 대사기능 저감으로 이어지기에 회복운동이 더욱 필요하게 된다.

회복운동 시냅스 학습과 관리

이 책의 3장 2절 '회복운동 방법과 인체 회복과 뇌 이상 징후' 편, 뇌의 이해와 기본 회복 동작, 세부 회복 동작, 세부 심화 회복 동작을 중심으로 진행하면 된다.

치료 후 회복 관리

수술과 약물 치료 후 재활 치료와 회복운동으로 스스로 일상생활이 가능하게 된 분들도 뇌 메커니즘의 교육과 훈련을 주기적으로 받아야 한다.

회복 복귀 기준

뇌 손상 상태에 따라 편마비와 전신 마비로 나뉜다.
- 편마비와 전신 마비의 경우도 소뇌 시냅스 스위치 작동과 재활 편에 기술한 회복운동 방법을 참고하면 된다.
- 소아마비, 뇌성마비, 뇌전증, 언어 장애 등 기타 장애도 같다.

회복 후 재발병 징후

회복운동 후 회복된 상태에서 재발병 진행의 징후는 회복운동 후 발목에 락(lock)과 당김 및 시원함도 모두 머리에서 나타난다.
- 회복운동 후 인지와 동작을 일치시키기 위한 팔다리 들기를 제대로 하지 못한다.
- 손상 입지 않은 쪽까지 회복운동 후 당김과 시원함을 머리에서 느끼게 된다면 인지 장애에서 다른 뇌질환 발병을 뜻한다.
- 손발 들기 동작을 지시에 맞게 제대로 하지 못한다.
- 손가락을 꼽으며 1~5까지 말하는 동작에 어려움을 느끼거나 수행하지 못한다.
- 회복운동을 집중적으로 하지 않으면 머잖아 인지 장애를 넘어 다른 뇌질환으로 악화되는 2차 발병의 전조가 된다. 이럴 때는 진료를 받아보거나 회복운동으로 나쁜 데이터를 삭제해 줘야 한다.

02 뇌성마비

1. 개요

 뇌성마비는 조기 진단과 치료로 뇌성마비 아동을 도울 수 있다. 원인은 뇌 손상으로 뇌수술도 어렵고 완전한 회복을 담보할 수 없으니 성장하면서 나타나는 장애를 해소하는 데 전념해왔다. 하지만 이제는 뇌 시냅스를 이용한 뇌 회복 재활을 해야 한다.
 선천적 원인도 있지만 후천적으로 약물 남용과 환경 공해 등 사회적 책임이 크다. 뇌 손상으로 발음이 힘들고 발목 인대(아킬레스건) 수축으로 까치발로 시작해 인대 수축이 심해지면 서지도 못하고 걸을 수도 없다. 발이 교차 형식으로 꼬이며 척추측만증, 경추협착 등 갖가지 어려움을 더하게 된다.
 비진행성은 맞지만 경추 손상으로 인한 문제이기에 또 다른 부위 장애로 이어지니 재활 운동과 시냅스 뇌 회복운동을 우선해야 한다.

※ 서고 걷는데 가장 문제인 인대(아킬레스건) 수술 방법이 있으나 증상의 경중에 따라 결과가 좌우된다. 수축을 막거나 줄일 수 있는 단순해 보이는 회복운동이 중요한 이유다. 늦어지면 두 발이 교차 형식으로 꼬이게 되어 누워 있어야 하거나 지지해 줘야 앉을 수 있다.

전반적인 의료적 지식 이해를 위해 앞쪽에 의료 지식을 기술하고 회복 방법을 뒤에 기술했다.

2. 정의

뇌성마비는 임신 전후와 출산 전후로 뇌가 미성숙한 시기에 뇌 손상이나 뇌의 발육 이상으로 나타난다. 기능 장애는 다양하며 비진행성이다.

3. 원인

- 출산 전: 산모의 바이러스 감염(풍진), 약물 중독, 연탄가스 중독, 혈액형의 부조화.
- 출산시: 외상으로 인한 뇌출혈과 산소 결핍, 조산, 난산, 만산, 레쉬니한 증후군.
- 출산 후: 사고나 외상으로 인한 뇌출혈, 납중독, 질병(뇌막염, 뇌염, 황달 등), 유아 학대(반복하여 흔들거나 때리는 등), 약물 남용.

4. 증상

상당 기간 동안 거의 아무 증상이 없거나 출생시부터 심한 증상을 나타내기도 한다.

신체에 나타나는 증상
- 젖을 빠는 힘이 약하고 어렵다.
- 근육 조절 능력이 약하다.
- 목을 잘 가누지 못한다.
- 시각이나 청각 장애를 동반하기도 한다.
- 근 위축, 경련 등이 있을 수 있다.

행동에 나타나는 증상
- 자주 보채고 잘 놀란다.
- 이유 없이 경기를 자주 한다.
- 말이 늦고 주의가 산만하다.
- 지능이 떨어지기도 한다.

※ 위의 증상을 근거로 조기 상담과 진단을 받고 조기 치료, 교육을 받게 되면 크게 호전된다.

5. 회복 방법

회복운동과 관련 재활
뇌성마비 역시 골다공증은 반드시 전문의의 진단 확인이 필요하다.

초기인 경우일수록 효과가 좋다. 태어나 1년 전후 영아는 발이 한 손에 들어올 만큼 작아 동작하기는 쉽지만 뼈 발육 역시 연약하고 발목 인대가 있는지 없는지 구분이 안 될 정도여서 전문의의 발목 상태 검진 후 시행한다.

기본 회복동작을 힘으로 밀기보다 가볍게 발목 밀기와 뻗기를 조심하면서 해야 한다. 앉아 있지 못하니 뒤에서 안고 발목 밀기와 발 들어올리기를 조심히 한다. 처음에는 대부분 어렵지만 꾸준히 하면 구분이 되는 변화를 알 수 있다.

시행 후 발목 인대에 힘이 생기기 시작하면 앉혀도 넘어지는 속도나 앉아 버티는 시간이 늘어감으로 진전을 알 수 있다. 오랜 시간 완전히 굳어 고착이 심한 경우 수술 후 회복운동을 해야 한다.

회복운동 발목 밀기 후 발목을 끌어당기라고 하면 대부분 두 발이 위로 들리는데 이때도 반드시 명령한 반대쪽 발은 들리지 않게 잡아주어 뇌와 발 위치 기능의 구분을 학습하게 해야 한다. 뇌 손상으로 인한 뻗치는 특성상 삼발이에서 교차되는 현상도 발목 인대 수축의 영향이 크다(기본 회복동작을 참고하라).

교차된 발을 벌리는 회복 방법

교차된 발을 제 위치로 돌리고자 떼어놓으려고 할수록 더욱 경직된다. 이때 허리 부분과 무릎과 허벅지 사이에 손을 넣고 평형으로 2~30Cm 정도 들어 올리는 동작으로 대부분 자연스럽게 두 발이 제 위치로 돌아가는 것을 볼 수 있다. 회복운동은 발목 인대가 수축을 막아주어 교차를 막는 효과로, 뇌가 역으로 교차하면 안 된다고 반복 학습 신호를 보내 완화에 도움이 되는 방법이다. 너무 오래되어 굳어 어려운 경우는 되돌릴 수 없게도 된다. 수술 결과에 따라 전문의에게 진료를 받은 뒤에 가능한 경우에는 회복운동을 진행할 수 있다.

팔 경직과 척추측만증

팔과 척추, 어깨와 목까지 변형이 오는 증상에는 차이는 있을 수 있으나 뇌 손상으로 인해 발목 인대가 수축되어 발생한다. 발목 위 인대 부위가 흔들리면 당연히 팔도 휘고 척추가 휘어지고 깨지고 무너진다.

계속된 회복운동으로 발목과 다리가 견고해지면 상위 부위도 제자리로 돌아가게 된다.

언어 회복

말은 뇌의 지시에 따라 단전의 힘으로 나오는데 이때 필요치 않은 팔다리 등 온몸이 경직되는 걸 볼 수 있다. 단전에 공기를 채우기 위해서 필요치 않은 팔다리 힘을 동원하지만 힘을 주는 만큼 단전의 공기는 채울 수 없고 팔다리만 더 뻗친다. 단전의 공기는 기도와 구강 경직으로 이어져 발음과 소리 크기를 저해하게 된다.

신경 전달도 늦고 약하여 놀라게 하거나 힘을 주게 되면 상체가 꼬이고 관절이 뻗친다. 시냅스 발목 회복운동으로 발목을 끌어들이는 회복의 변화만큼 자연스러운 호흡이 단전으로 내려가 언어 구사를 쉽게 할 수 있다는 것을 확인할 수 있다.

특히 뇌졸중으로 인한 언어 장애 역시 편마비로 마비된 만큼 언어에 문제가 있어 회복 방법은 같다.

- 언어치료사의 교육과 훈련 방법으로도 교정한다.

- 집에서 쉽게 할 수 있는 방법으로 들숨과 날숨을 소리 내어 하게 한다.
- 숨을 코로 들이마시고 입으로 토해내는 복식 호흡부터 시작한다.
- 숫자를 따라 함께 읽다 숙달되면 혼자 할 수 있게 하는 식이다. 처음은 먼저 읽고 함께 맞추어 읽어가는 방법으로 뇌와 관련한 입 안과 입 근육과 상학과 하학이 제 기능을 수행할 수 있도록 준비하게 한다.
- 말은 단전의 공기가 기도를 거쳐 구강(口腔)에서 입 모양을 만들면 나는 것인데 정확한 발음과 소리는 공기의 양으로 결정된다. 강압적인 언어 구사는 뇌를 긴장시켜 오히려 팔다리에 힘이 들어가고 고개가 들리며, 기도가 좁아지고 위턱과 아래턱까지 비틀려서 교정에 어려움이 고착되는 결과를 낳는다.
- 뇌가 긴장을 적게 할 수 있게 여유를 가지면 소리가 작더라도 되도록 자연스럽게 따라하게 하는 방법이다. 처음부터 크게 소리 내는 것은 배제하고 자연스럽게 나오는 말 크기로 시도해야 한다.
- 먼저 수준에 맞게 일, 십, 백, 천, 만, 십만, 백만 단위를 적어 읽게 한다. 성급해하지 말고 여유를 가지고 천천히 리듬을 두고 훈련해야 한다. 들숨과 날숨을 소리 나게 하는 방법과 복식 호흡은 항상 많은 도움이 된다.

목 디스크 자세 교정 치료

뇌성마비로 경직이 일어나면 대부분 목 디스크가 오는데 수술을 하는 경우가 많아서 큰 문제가 되고 있다. 목과 팔다리 경직을 평소에도 대부분 가지고 있어 교정 치료 방법인 스트레칭이 어려울 수 있으나 최대한 실행하기를 권한다.

  뇌성마비는 걷고 말을 하려면 팔다리와 목 근육이 더 경직되고 더 뒤틀리게 되어 경추 협착과 디스크를 예방하는 것이 필요하다(2장의 목과 어깨운동 참고).

척수 장애

1. 개요

척수 마비는 흉추 12번을 중심으로 손상 후 6개월 안으로 회복되지 않으면 통상 완전 마비로 본다. 20~30년 지난 마비이지만 회복운동으로 감각과 운동력이 생기는 임상 결과도 있다. 오랜 시간 발목에 석회가 생겨 통로가 막히면 발이 옆으로 높이 들리는데 발목 석회석 제거 수술을 하면 완전한 회복은 아니더라도 회복되는 것을 알게 된다.

2. 정의

산업재해, 교통사고, 외상, 척수 종양, 척수염, 선천성 기형 등에 의해 척수가 그 기능을 상실할 경우 장애가 나타난다. 어느 정도 손상되었느냐에 따라 사지 마비, 하지 마비 등으로 나타난다. 경추(맨 윗부분

1~7번), 흉추(1~12번), 요추(1~5번), 천추(1~5번)로 구분된다.

3. 원인

경수 손상으로 사지 마비 장애를 갖게 되며, 흉수 이하의 손상은 상지는 침해되지 않고 하지가 마비된다.

4. 증상

척수가 손상되면 운동 장애뿐 아니라 내장 기능이나 피부 감각에도 장애가 일어난다. 관절 부위가 굳기 쉽고 대 ·소변 제어가 극히 어려우며, 방광염 등이 일어나기 쉽다. 요로 감염, 성기능 장애와 화상, 동상, 욕창 등에 노출되기 쉽다.

5. 응급 처치

응급 처치가 중요하며 대학병원, 종합병원, 정형외과·신경외과병원 등에서 빠른 수술이 관건이 된다. 수술 후 재활의학과 전문의에 의한 치료와 조치가 중요하다.

척수 손상으로 볼 수 있는 경우
① 손과 발의 움직임이 둔하거나 없든지 감각이 없다고 호소할 때.
② 외관상 척수 부위가 부어올라 있거나 출혈이 있을 때.

응급 처치 요령
- 심리적으로 안정시키고, 환자의 상태를 살피며 과도한 움직임에 주의한다.
- 이동시 운반에 주의한다.

6. 욕창

골반뼈, 무릎뼈, 발목뼈, 꼬리뼈, 발뒤꿈치가 침상에 오랫동안 닿지 않게 주의해야 한다.

- 피부가 한곳으로 오래 짓눌리면 염증과 괴사가 시작된다.
- 마비 장애인은 전기장판, 핫백 등에 몇 분만 두어도 데어 물집이 욕창이 되니 주의해야 한다. 난로도 마찬가지다.
- 양·한방 치료가 되었더라도 두 방법 모두 상처 부위를 압박하면 낫기 어렵다.
- 상처에 압박을 피하고 통풍이 잘되게 한다.

느릅나무(유근피) 뿌리 가루 사용법

유근피는 『동의보감』에 효험이 이미 증명되어 있다. 다만 사용 방법의 차이로 회복되지 않은 분들에게 필자가 30년 동안 사용하고 있는 사례를 알려드리고 도움을 원하시면 도와드리고 있다.

유근피는 전문 한약재 시장에서 국내산을 구입하는 것이 효능이 좋다. 가격도 분량에 따라 다르지만, 개인은 몇만 원어치만 사도 오래 두고 사용할 수 있다. 뿌리 분말 사용을 권한다.

사용 방법은 짓물러진 곳이나 이미 괴사한 상태를 먼저 소독한 후 분을 바르듯이 하는 방법과 괴사한 곳에 극미량을 넣어 거즈로 가리는 방법 등 사용 방법에 따라 효과의 차이가 있다. 간단하지만 전문적으로 배워서 시행해야 한다.

균이 있으면 고름과 같은 이물질이 계속 흘러나오다 더 이상 균이 없으면 가루 그대로 남아 수분과 만나면 굳는다. 염증과 이물질을 다 빨아내면 속에서부터 빨갛게 살이 될 세포들이 차올라온다. 이때 눌리면 살이 될 세포가 깨져 빨간 피가 나온다. 압박을 줄이거나 막기 위해서 거즈와 같은 부드러운 것으로 완충 작용을 할 수 있게 하는 이유가 이 때문이다.

마비된 부분은 뜨거움을 모르기에 찜질팩과 난로에 주의해야 한다. 화상의 처음 물집 형태는 터트려 피부를 벗기고 소독 후 가루를 분 바르듯이 엷게 바르고 선풍기 바람을 간접적으로 30여 초 쏘인 뒤에 딱지를 만들어 피부 역할을 하게 하는 방법 등 여러 가지다. 딱지 보호와 바로 눌림을 방지하기 위해 소독 거즈를 대서 쿠션 역할로 보호해 두는 방식이다. 처음 생긴 것을 바로 막아야 쉽다.

괴사가 깊은 곳에 사용하려면 경험자나 한의원의 진료와 조언도 도움이 된다. 공기가 통하도록 거즈가 떨어지지 않을 정도로 느슨하게 고정한다. 공기가 통하게 하는 것이 치료에 좋다. 욕창 부위는 압박하면 딱지가 피부 세포를 눌러 오래 걸린다. 서양 패드형은 공기를 차단하는 완전 밀폐형이라 치료가 오래간다.

※ 참고: 동의보감에 언급한 느릅나무는 줄기와 잎과 뿌리까지 환과 차 등으로 이용하기도 하고 으깨어 환부에 바르기도 한다. 건강을

위해 뿌리를 갈아 꿀과 섞어 환으로 먹기도 한다. 욕창에는 뿌리(유근피)를 곱게 갈아 분말로 사용하는 것이 효과적이다. 일반 가정에서는 만들기 어려우나 경동시장 같은 한약재를 취급하는 곳에서 사용하기 쉽게 분말로 만들어 준다.

유근피의 성질은 차며 독이 없다. 성분 함유가 여러 가지 치료 약재로 사용된다. 그중에 플라보노이드 성분은 외부 바이러스의 침입을 막아주고 신체 면역 기능을 향상시키는 데 큰 도움을 준다. 특히 항균, 살균 작용이 탁월해서 종기, 종창 등의 치료에 효과가 있다. 하지만 양·한방의 의료적 인식과 협의가 용의하지 않아 병원 사용이 어렵다. 하루빨리 협력과 협진이 될 수 있기를 바란다.

7. 생활 의학 상식

대변에 관해서

일상적으로 하던 배변 활동과 다르게 뇌로부터 오는 신경 신호를 받을 수 없다.

① 반사 반응이 없으므로 좌약이나 손가락으로 직장을 자극해서 대변을 볼 수 있다.
② 시간표대로 대변을 봐야 하며 중력을 가하기 위해 좌변기가 배변에 용이하다.
③ 규칙적인 배변, 운동, 수분 및 음식물 섭취에 주의해야 한다.

관장에 사용되는 약

항문용 좌약(주입 후 15~30분이 지나면 관장이 된다). 완전 마비나 하반신 마비의 경우 오래되면 좌약만으로 안 되고 항문 괄약근을 통해 장의 근육을 자극하면 된다.

쾌변을 위한 차전자피 식이섬유제품 이용
한방 재료로도 사용되고 있는 차전자피로 만든 제품으로 장운동 결여와 변비로 인한 분들을 위해 여러 제약회사에서 생산하고 있다. 충분한 음용수와 함께 섭취하면 되는데 섭취 후 물을 많이 마시는 것이 좋다고 한다.

신장·방광·소변에 관해서
소변보는 방법
① 방광을 뚫는 방법: 환자 상태와 사정에 따라 결정되지만, 마지막 방법이라 할 수 있다. 외출시 간편한 이유에서 시술되고 있으나 전문의와 상담해서 결정해야 한다.
② 넬라톤에 의한 방법: 현재는 소변을 위해 일회용 카테터가 국가 지원으로 저렴하게 지원되고 있어 비뇨기과 처방으로 구입할 수 있다.
③ 반사를 이용한 방법: 방광 위를 두드리거나 누르는 등의 방법이 있었으나 일회용 넬라톤을 권한다. 과도한 압력으로 역류되어 신장에 무리를 줄 수 있기 때문이다.

감염의 증상
① 오한과 열이 나거나 소변이 탁하거나 찌꺼기가 있을 때.
② 소변에 피가 섞여 나오거나 색깔이 진하거나 나쁜 냄새가 날 때.

③ 감염 증상이 있으면 빨리 의사에게 진찰과 치료를 받아야 한다.

감염 관리
  척수 손상자의 감염은 가장 흔하기도 하지만 조치가 조금만 늦어도 고열과 염증으로 생활 자체가 어렵고 위험한 상태가 되기도 하여 빠르게 조치를 취해야 한다.

① 가까운 비뇨기과와 감염내과가 있는 1차 병원 응급실로 가는 것이 좋다. 방광 감염 일반 매뉴얼에 준하지만 일반인과 달리 급진행으로 체온이 40도를 넘는 경우가 있다. 응급실을 경험하지 못해서인지 대부분 신속한 대처를 받지 못해 치료 기간이 연장되거나 생명까지 위험해질 수 있기에 응급 매뉴얼에 신속한 처치가 더해져야 한다.
② 가까운 종합병원 비뇨기과를 정해 1년에 2차례 정도의 정기 진료를 받는다.
③ 잘못된 비뇨기 관리는 신장 투석으로 이어질 수 있으니 유의해야 한다.

8. 재활 생활 상식

휠체어를 사용할 때
① 1~2시간 간격으로 30~60초 정도 엉덩이를 띄우고 앉거나 누워서 피부의 당김, 눌림을 방지한다.
② 휠체어 운행 중 펑크, 고장 등 비상시 연락처를 알아둘 필요가

있다.

9. 환자의 심리와 통증 그리고 간병인의 자세

- 환자의 통증을 이해하려고 노력해야 한다. 척수 환자들에게는 개인 차이는 있지만 통증이 무척 심한 경우가 많다.
- 사람에게 10이란 통증의 한계가 있다면 환자마다 차이가 있겠지만 만약 5 정도에서 '이 세상에서 이보다 더한 통증은 없다'고 느낀다면 그 사람은 10이란 한계를 5에서 느끼게 될 수 있으므로 통증을 타인과 비교하지 말아야 한다.
- 간병인도 환자 이상으로 힘들어하고 있다는 것을 항상 염두에 두어 환자도 간병인을 이해하고 협조하면 환자 통증도 덜어지는 것을 경험할 수 있다.
- 신경 손상의 통증은 심할 수 있어 환자가 신경질을 부리는 만큼 환자 자신의 통증을 가중시킨다.
- 간병인은 환자가 호소하는 고통을 인정해 주어야 한다.
- 종교나 취미 활동 등을 실천해 보면 통증을 덜 수도 있고, 어렵지만 통증 이외의 다른 곳에 몰입하게도 해준다.
- 간병인은 환자의 억지와 잘못에 대해 부딪치기 전에 한발 물러서서 생각할 시간과 여유를 주면, 환자도 자신의 잘못을 깨닫고 미안한 마음을 갖게 된다. 환자도 바로 잘못을 시인하고 사과에 인색하지 말아야 한다.

10. 척수 손상의 회복 재활

척수 손상으로 인한 완전 마비나 불안전 마비가 왔을 때도 감각과 운동 장애가 제각각일 수 있다. 또한 신경 손상 정도의 영향으로 내부 기능과 소·대변 감각과 제어 기능을 잃게 되어 극한 어려움과 통증을 수반하기도 하고 증상 정도에 따라 회복의 한계도 있다.

경추

척추 맨 위 1~7번까지를 말하며 어느 부위 정도에 따라 회복되거나 고착된다. 손상 정도에 따라 완전 마비와 불완전 마비가 있는데 감각과 운동 기능이 극히 약해져 스스로 생활하기 어려운 경우가 대부분이다. 회복운동을 꾸준히 하면 감각과 운동 기능이 향상되고 스스로 할 수 없는 서고 걷는 건강운동 효과를 대신할 수 있다. 또한 많은 부분 회복되는 것을 볼 수 있어 기능 향상을 위해 회복운동을 꾸준히 할 필요가 있다. 회복운동으로 완전하지는 않지만 서고 걸을 수 있을 정도로 회복되기도 한다.

흉추

경추 밑 1~12번까지를 말하며 손상되면 대부분 고착된다. 신체 구조상 몸의 중심 역할을 하며 척추 12번에 강한 압박을 받아 손상되면 완전 손상이 대부분이다. 감각과 운동 능력이 대부분 없기에 스스로 신변 처리를 하고 생활할 수 있을 정도로 재활이 필요하다. 회복운동을 꾸준히 하면 발목 경직 예방과 스스로 할 수 없는 서고 걷는 건강운동 효과를 대신할 수 있다. 회복운동으로 부족하기도 하고 완전하지도 않지만 감각과 운동력이 생기기도 하고 서고 걷기까지 회복되기도 한다.

요추

흉추 밑 1~5번까지를 말하며 대부분 불완전 손상으로 서고 걷기는 하더라도 통증 유발이 심할 수 있다. 또한 서고 걷기는 못 하더라도 감각과 운동 능력이 모두 있기도 하는 등 증상이 제각각일 수도 있다. 그러나 점차 스스로 생활하는 게 어렵게 된다. 회복운동을 꾸준히 하면 발목 경직 예방과 발목과 허벅지 근력 향상으로 스스로 생활을 오래 유지할 수 있고 서고 걷는 건강 운동 효과를 대신할 수 있다. 회복운동으로 완전하지 않지만 감각과 근력이 증가하여 서고 걷기까지 회복되기도 한다.

근육 장애 (근이양증)

1. 의학적 개념

　근육 장애(근이양증)는 듀시엔형과 베이컨형 두 가지로 나뉜다. 몸에 필요한 단백질이 합성되지 않아 뼈가 변형되고 근육이 제 기능을 못 하여 생활이 어렵고 생명에 위협을 받는 장애로 아직 불치다.
　듀시엔형과 달리 성장 후 나타나는 베이컨형은 팔다리 등 여러 신체 부위에 발병해 생활이 어렵게 된다. 디스트로핀 염색체 이상으로 신경근 질환에 가깝고 척수 근육 위축을 보이는 염색체 결손으로 나타나는 것으로 알려져 있다. 염색체 문제로 치료 방법은 없으나 물리치료, 척추 및 관절 변형의 보존 치료, 영양 공급 방법과 유전자 치료 연구는 계속되고 있다.
　다행히 회복운동이 임상으로 호전을 보이고 있다. 출생한 후 발병한 아이의 경우에는 임상을 실행하지 못해 단정할 수 없지만 어릴수록 회복운동의 효과는 클 것으로 예상된다.

2. 특성

듀시엔형과 달리 성장하면서 나타나는 베이컨형은 형성된 단백질만큼 소실되는 시간에 차이가 있다. 발병 부위를 시작으로 전체 근력이 소실되어 호흡조차도 하기 어려워 힘겹게 살아간다. 발 기능에는 문제가 없는데 양팔 부위 운동 기능이 없는 등 증상들은 제각각이다.

듀시엔형과 달리 20대 전후로 나타나는 베이컨형의 증상도 환자마다 제각각이다. 근육 장애 중 2세가 간헐적으로 두 발이 교대로 마비되고 발바닥 통증 등으로 나타나 일상이 어려운 경우도 있는데 유전성은 인정하는데도 근육 장애로 판정받지 못하고 있는 경우도 있다.

근력 감소 속도가 빠르거나 늦는 경우도 있다. 회복을 빠르게 하기 위해서는 문제의 염기 서열을 삭제한 후 새롭게 뇌세포에 만들어 근력 회복과 연결될 수 있는 회복운동 횟수를 늘리면 된다는 임상 결과가 있다.

근력 소실은 급속한 수축으로 뼈 변형으로 이어진다. 발목 인대와 발바닥, 발가락 수축 각도가 깊으면 회복운동만으로는 한계가 있을 수도 있다. 변형되기 전 뇌세포에 자리 잡을 수 있는 2차 세부 심화 회복운동을 길게 해줘야 할 때도 있다.

회복운동으로 회복 과정에서 슬럼프 기간은 모두에게 있다. 보통 2~3일, 길게는 2주까지 가는데 슬럼프는 한 단계 올라서기 위한 디딤돌이라고 보면 된다. 뇌 문제로 자신의 의지와 전혀 상관없이 벌어지는 것이어서 회복운동으로 걷고 설 수 있다고 해도 주의해야 한다.

뇌 신호가 끊기면 누군가 떠민 것처럼 넘어질 수 있어 건강을 자신하지 말고 회복운동을 지속적으로 해줄수록 좋다.

3. 회복 반응

최근 발표된 논문에 따르면 소뇌 시냅스 학습으로 질병의 진행을 어느 정도 막고 회복을 보여준다. 사례에 해당하는 사람이 많지 않아 회복을 단언할 수 없지만 분명한 것은 사람마다 차이는 있으나 회복된다는 것이다. 발병 부위와 기간에 따라 임상 회복 데이터를 만들 수 없었지만 회복의 범위와 차이는 있으나 회복이 진행되었다.

현재 뇌 문제의 삭제 과정을 과학적 입증 시스템이 없어 단언할 수 없고 문제인 뇌 데이터의 삭제 과정을 거쳐 새로운 학습의 임상 결과로만 예측하는 단계다. 여러 번 반복해주면 학습된 동작만큼 사라지지 않고 기능을 한다는 것이고 새로운 동작을 학습하면 대부분 뇌신경에 손상을 받은 분들의 회복 반응으로 나타나는 하품과 졸림과 같은 동일한 반응이 나온다.

특징

근육 장애는 뇌 문제가 원인이어서 증상이 제각각이다. 대상자마다 회복 재활 방법 또한 맞춤식으로 진행해야 한다.

- 처음 회복운동을 해보면 근력이 소실된 부위는 당김도 시원함도 없어 당황하게 되나 계속 반복하면 서서히 근력 반응이 나타나는 것을 볼 수 있다. 기본 회복동작으로 부위에 따른 기술적인 적용

범위와 형태를 달리하게 된다. 허벅지 근력 소실로 바르게 서지 못하는 사람이 허벅지 근력이 생겨나면 허벅지 동작을 정상적인 무릎과 발목 인대의 연결 동작으로 만들어가야 한다.
- 회복운동으로 뇌 회복 반응은 염색체 염기 서열 자체의 문제여서 뇌인지나 인지 코드 문제보다 염기 범위와 발병 기간이 길수록 회복운동을 시행해도 아무런 반응이 없다. 하지만 반복해보면 당김이 시작되는데 얼마 동안은 편안함이나 시원함은 없다.
- 문제의 염기 서열을 삭제하고 나면 근력이 없던 부위에 토목공사 같은 기초 작업이 되고 있다는 것을 근력 부분에서 당김으로 추측할 수 있다.
- 당김이 생겼다면 데이터 부분들을 찾거나, 없다면 기초를 만들기 시작하고, 만들어진 부위는 당김으로 새로운 뇌 인지 구조를 형성하고 있다는 것을 예측할 수 있다.
- 당김이 여기저기로 돌아다니며 뇌신경 세포 학습의 자리 탐색으로 만들어가면서 계속 반복하면 당김 후 편한 느낌에서 시원하다는 느낌이 든다. 이는 새로운 인지 코드가 만들어지고 있다는 신호로 보면 된다.
- 소실된 근력 부분을 회복시키면서 다른 부위의 근력이 소실된 경우에도 근력에 도움을 받는 것을 보게 된다. 정상적인 근력들도 회복운동 후 당김과 시원함이 뚜렷해지며 회복 후 살아난 근력과 기존 부위의 연결에 도움이 된다.
- 근력 소실의 뇌 기능과 관련한 부위의 역할을 소뇌 시냅스 자극 학습으로 새로운 뇌세포에 입력하면서 새롭게 회복을 만들어가는 회복 방법이다.

학습 방법

　뇌 문제로 짧든 길든 마비 경험을 하고 나면 겁이 나고 절망스러워지는 것이 보통이다. 하지만 팔다리 근력이 미약하더라도 동작을 할 수 있을 때는 걱정은 되더라도 상황을 묵묵히 받아들인다. 그러다 점차 근력이 사라져 되돌릴 수 없는 수준이 되면 분노가 치밀지만 체념하고 세월을 보내게도 된다. 회복 불가 진단까지 받으면 일상생활이 혼자서는 불가능함을 알기에 두렵기까지 하다. 하지만 인간은 아는 만큼 방법이 보인다.

심화학습 1
- 팔다리 기능을 못 하는 이유는 뇌 문제로 수술과 약물로 회복되지 않고 방법이 전무했다. 그러나 회복운동 임상으로 증세를 지연시킬 수 있거나 회복될 수 있어 기본 회복운동과 세부 회복운동, 세부 심화 회복운동 등 지속적인 회복운동이 필요하다.
- 기본 회복운동을 시작하면 문제된 데이터를 삭제하여 감각이 없던 곳에 당김 등의 느낌이 온다.
- 허벅지 문제일 경우 그동안 수축된 근력이 펴지는 신호로 당김이 먼저 느껴진다. 서서히 편안함과 시원함이 느껴지고 하품 등이 나는데 기초 공사가 되고 있다는 신호다.
- 허벅지 근력이 없던 것이 돌아오는 순서는 먼저 고관절 부위 당김에서 시작해 허벅지 윗부분과 허벅지 여기저기로 당기는 느낌이 돌아다닌다. 동시에 편안함도 느끼기 시작한다.
- 허벅지 부위의 탐색 등 윗부분 당김은 곧 사라졌던 근력이 학습으로 만들어지기 시작했다는 신호다. 곧이어 허벅지 뒷부분으로 옮

겨가면서 허벅지 전체 근력을 키우기 시작한다.
- 팔다리 근력이 미약하거나 사라지면 마음처럼 움직여 주지 않는데 각각의 관절을 잡고 관절 기능대로 움직임을 보게 하고 동작을 반복해서 학습 훈련을 한다.
- 왼쪽과 오른쪽 팔다리 기능은 연동되어 있기에 각각인 뇌신경 세포의 동작 균형과 속도를 맞추는 훈련을 한다. 상하지 중 어느 쪽이든 방법은 같다.
- 기존의 근육 기전의 일반적인 사용 부분만 입력하면 안 되고 반대 부분도 인지시켜 줘야 한다.
- 팔다리에서 어깨와 좌우 목 돌리기, 눈 크게 뜨고 눈 돌리기, 복식호흡, '하하하' 하며 크게 소리내기 등 순서로 몸통과 연결을 위한 동작학습을 한다.

심화학습 2

사라지는 인체 근력의 부위별 고유 에너지를 뇌에서 인식할 필요가 있다. 의자에 앉아 두 발을 각각 자체 에너지로 들지 못하면 복부와 양팔 등 상부 에너지의 사용을 막고 자체 힘으로 할 수 있게 인식이 선행되어야 한다.

서는 데 지지대 역할인 허벅지 근력이 사라진 상태에서 무릎 아래는 정상적으로 허벅지 근력만 회복해주면 정상적으로 설 수도 걸을 수도 있어 상부 근력이 필요치 않게 된다.

뇌 시냅스 학습의 회복운동 임상으로 보면 결국 뇌까지 더 나쁜 데이터로 남아 근력 수축 가속화로 다른 장기들로 이어져 인체 부위의 근력이 사라진다. 더욱이 염기 서열 문제인 근육 장애는 더 심해지게 된다. 문제가 되는 염기 서열을 삭제하고 새롭게 구축해 가는 것이 회복 방법 중 하나다.

- 허벅지 근력만 사라진 경우 무릎 및 종아리, 발목, 발가락의 기능은 정상으로 작동하는데 중간 부분의 전달과 지지대 역할을 못하니 바로 설 수 없다. 그렇다고 해서 그 상태로 방치하면 발목 수축이 복부 상위로 빨리 전이되기 때문에 부분별 회복운동으로 새롭게 만들어 주어야 한다.
- 발목 인대와 발목 밀고 당기기, 양팔과 손가락 등의 여러 동작도 진행해야 하지만 기본 회복운동은 계속해야 한다.
- 발가락 하나하나의 근력으로 동작하기 위해서 발가락을 밀어 발가락 힘으로만 발가락을 밀고 당기는 동작이다. 발목, 무릎, 다리도 자체 힘만으로 다리 전체를 드는 동작의 시작점이다.
- 허벅지와 무릎 밑 부위와 연결을 위해 발 들어올리기를 짧고 길게 올리기 등 여러 방법으로 한다. 이때 연결을 위한 허벅지의 힘이 돌아오는 속도와 부위에 따라 맞춤형 회복운동을 해야 한다.
- 허벅지 근력과 무릎과 종아리, 발목 인대 근력의 연결을 돕기 위한 동작들은 발가락 끝을 잡고 허벅지를 들라는 지시와 동시에 함께 약간의 힘을 주어 들 수 있게 돕는 식으로 이어나간다.
- 허벅지 근력이 향상된 것이 보이면 발뒤꿈치를 양손 위에 놓고 올리는 방법을 반복한다.
- 사람마다 회복되는 부위와 강도에 차이가 있어 상황에 맞게 맞춤형 동작으로 회복을 도와야 한다. 목과 어깨, 팔 등 상부 역시 방법은 대동소이하다.

… **05**

파킨슨병

1. 개요

파킨슨병은 알츠하이머병 다음으로 흔한 퇴행성 뇌 질환이다. 60세 이상에서 1%의 유병률로 나이 들수록 발병률은 당연히 증가한다. 5~10%만 유전에 의해 발생한다. 뇌 흑질의 도파민계 신경이 파괴되는 원인은 아직 정확하게 알려지지 않았다.

환경오염으로 인한 중금속(망간, 납, 구리), 일산화탄소, 유기 용매, 미량 금속 원소 등의 독소에 노출되거나 머리 부위 손상 등의 요인을 파킨슨병의 발병 원인으로 보고 있다. 파킨슨병은 뇌간의 중앙에 존재하는 뇌 흑질의 도파민계 신경이 파괴됨으로써 움직임에 장애가 나타나는 질환을 말한다. 도파민은 뇌의 기저핵에 작용하여 우리가 원하는 대로 몸을 정교하게 움직일 수 있도록 하는 중요한 신경전달계 물질이다(서울아산병원 질병백과 참조).

파킨슨병은 요즘은 40~50대 사이에서도 발병이 증가하고 있다. 직업적으로 오랜 시간 밤낮이 바뀐 생활을 하거나 생활 스트레스와 환경오염에 노출되었을 때, 향정신성 약물이나 술과 담배 등에 지속적으로 노출되었을 때 뇌혈관을 자극받는 것을 원인으로 보기도 한다.

2. 파킨슨병의 회복

파킨슨병의 원인은 아직 정확히 알려지지 않은 만큼 치료법도 수술과 약물 치료, 운동 재활이 전부다. 수술과 약물 치료는 전문의 영역이다. 운동 재활의 경우에는 기본적으로 서고 걷지 못해 일상생활이 어려운 문제인데도 근력 운동 위주의 자전거 타기나 수영, 등산, 배드민턴, 요가 등을 하고 있다.

하지만 파킨슨병은 뇌에 문제가 있는 병이기에 근력을 강하게 만드는 치료보다 뇌 회복을 우선시해야 한다. 자전거 타기나 수영, 헬스나 등산 도중 뇌 인지가 끊어지면 바로 쓰러지기에 매우 위험할 수 있기 때문이다.

증상으로 본 회복

그동안 자유로웠던 행동 기능을 못 하기에 수술과 약물 치료로 병세를 지연하거나 근력 운동에 의존하고 있었다. 하지만 소뇌 시냅스로 뇌 학습을 통한 회복 방법이 임상으로 호전되고 있다. 회복운동으로 문제가 되는 뇌 데이터는 삭제해주고 새로운 학습으로 인지할 수 있게 반복해주면 사라지지 않는 것이 시냅스 학습을 통한 임상 회복 결과다.

3. 증상과 회복운동 재활

떨림

뇌졸중과 뇌성마비 등의 뇌 손상으로 인한 증상과 파킨슨병은 뇌 손상이 아닌 뇌 소멸 문제가 원인이기에 증상에서도 차이가 있다.

회복운동을 하면 뇌 시냅스 학습으로 경직과 떨림은 잦아들다가 멈춘다. 뇌 학습으로 운동을 담당하는 퍼킨지 세포가 역할을 시작한 결과로 본다.

- 기본 회복운동을 하면 편안함이나 시원함은 없고 당김만 있다.
- 기본운동 후 대부분 발 부위로 당김만 있고 여자의 경우는 발가락 3, 4, 5번에 당김과 시원함이 있다. 횟수에 따라 발목 위에서 당김과 편안함이나 시원함을 찾을 수 있다.
- 무릎 올리기와 발 들어올리기, 발바닥에 손바닥을 대어주고 밀고 당기기.
- 각 발가락 밀고 당기기.
- 기본 회복운동으로 경중과 횟수에 따라 떨림은 멈춘다.

경직

파킨슨병은 근육 수축과 관절 문제를 오인하는 것도 뇌신경 손상 관점에서 보면 판단에 도움이 된다. 전달 문제로 동작 시작부터 마음은 간절한데 발을 떼는 명령을 수행하는 뇌신경 소실로 근육 운동과 별개로 행동이 나타난다. 근육 수축은 통증도 만들어낸다.

발목 인대가 수축하면 급기야 발이 가슴 위로 끌려 올라가 등이 굽고 오그라들 정도로 경직될 수 있다. 단순한 다리 근육 운동은 회복 운동에 오히려 방해가 되기도 한다. 걷는 기능에는 문제가 없는데 명령 소실로 인해 경직이 발생하는 것이기에 회복운동을 통해 소뇌 시냅스 학습으로 회복될 수 있다.

- 기본 회복운동으로 발목 아킬레스건에 당김과 시원함이 자리할 때까지 반복하여 발목 인대 자리로 되돌려준다. 발 들어올리기로 당김과 시원함이 허벅지 뒤로 자리하게 한다.
- 무릎 올리기와 발 들어올리기, 발바닥에 손바닥을 대어주고 밀고 당기기.
- 기본 회복운동으로 경직 상태에 따라 횟수를 증가하면 수축된 근육이 회복되는 것을 볼 수 있다. 경직 상태가 오래되거나 강할수록 반복이 필요하다.

서동

뇌 문제로 관련 뇌신경 세포가 사라졌거나 신호 전달 문제로 제 기능을 하지 못하니 학습으로 새롭게 만들어 회복시켜주는 방법이다.

- 증상이 심해질수록 팔다리 동작들과 얼굴 부위 관련한 기관들의 동작이 어렵게 된다.
- 회복운동 후 눈 움직임과 입이 어눌해진 말과 침 흘림, 웃지 못하고 팔다리가 어눌해지는 동작 등은 회복운동 편을 참고해 진행하면 된다.

자세 불안정

사람의 중심은 발목 인대와 발바닥 힘이 기초가 되기에 뇌에 이상이 없는데도 발목 인대에 문제가 있다면 서고 걸을 수 없다. 반대로 기능에는 문제가 없는데도 자세가 불안정하다면 소뇌 운동을 담당하는 퍼킨지 세포의 문제일 수 있다. 이럴 경우에는 회복운동을 최대치까지 진행해 주어야 한다.

- 1, 2, 3단계 회복운동으로 대부분의 문제를 해결할 수 있다.

구부정한 자세

뇌성마비처럼 뇌 손상으로 뻗쳐 생기는 몸의 변형을 회복운동으로 개선할 수 있듯이 파킨슨병도 같다. 뇌가 손상되어 발목 인대가 약화되면 중심을 잡고 몸을 지탱하기 위해 시각적으로 삼각형을 만든다. 그러면 자동적으로 등과 손이 앞으로 구부러지게 된다. 고개도 안전한 삼각형 모양으로 중심을 맞추기 위해 앞으로 숙이게 된다. 심해지면 중심을 잡기 위해서 허리를 굽히고 손으로 땅을 짚듯이 하기도 한다. 이런 증상에서도 회복운동을 반복하면 떨림도 멈추고 중심도 잡히는 것을 볼 수 있다.

- 기본 회복운동과 양어깨를 뒤로 밀어 등의 견갑골이 붙을 정도로 하고 고개를 위로 들어 천장을 보는 목 스트레칭을 한다.

보행 동결

인체는 뇌의 신호를 받아 동작과 방향 전환 등을 쉽게 할 수 있다.

뇌 문제로 인한 기능 저하로 회복운동 후에는 기능과 명령을 세분화된 동작으로 구분해서 반복하여 훈련하면 뇌가 새롭게 동작을 익혀 움직일 수 있게 된다. 뇌 문제일 경우 기능에는 문제가 없는데 명령을 받지 못하니 발을 뗄 수도 없고 들기란 더 어렵게 된다.

- 회복운동 후 섰다가 앞으로 출발하기 전 증상이 심할수록 자신이나 타인의 명령에도 앞으로 출발을 자연스럽게 할 수 없게 되는데 움직일 발쪽을 먼저 생각하고 움직일 발을 말하여 제자리걷기로 뇌인지를 준비시킨다.
- 준비가 되면 선 채로 오른발 왼발을 말하며 한 발 앞으로 뒤로 가는 걸 몇 번 되풀이한다.
- 준비가 되면 앞으로 가라고 하면 훨씬 쉽게 나아가는데 반복하면 자연스럽게 출발하게 된다.
- 방향 전환과 돌기는 더 어려워하는데 이때도 오른발 왼발을 말하며 조금씩 끊어서 방향을 바꾸는 동작을 반복해 뇌에 새롭게 인식시켜 주면 된다. 자연스럽게 출발하고 방향 전환이 될 때까지 당분간 말이나 마음속으로 오른발 왼발을 되뇌며 걷게 한다.

4. 비운동 재활

신경 정신 증상

우울, 불안, 무감동, 충동조절 장애, 환시, 정신 등의 신경정신 증상이 나타날 수 있다. 50% 정도의 파킨슨병 환자가 우울증을 겪는다. 이로 인해 약에 대한 순응도나 치료 의욕이 떨어져 삶의 질이 악화될 수 있다.

• 회복의 의미: 뇌 손상으로 인한 정신 문제는 가족과 주위 분들의 이해와 적극적인 지지와 협조가 필요하다. 회복운동은 나쁜 데이터를 삭제하고 새로운 뇌세포를 만들어 정신적인 문제에 도움이 된다는 것을 변화로 알 수 있다.

회복운동을 시작하면 처음부터 심한 당김만 있고 편안함이나 시원한 부분이 발가락이나 발 부위에 나타나면 뇌 문제 경중을 판단할 수 있다. 파킨슨병과 심한 정신적 스트레스를 받는 여성 중 기본 회복운동 후 3, 4, 5번째 발가락의 당김과 시원함을 말하는 공통점이 있다. 또한 정신 문제의 경우는 머리와 가슴이 시원하다고도 한다.

회복운동은 단순한 동작 같으나 마취나 수술이나 약물 요법이 아니기에 후유증이 없는 치료다. 소뇌 시냅스를 통해 나쁜 데이터를 삭제시켜 뇌 코드를 제자리로 돌리는 의학적 기전의 문제 해결을 시원하다는 표현의 임상으로 알게 한다.

인지 기능 저하

전체 환자의 40% 정도에서 인지 기능 저하가 동반된다. 파킨슨병 환자가 겪는 치매 증상은 알츠하이머병에서 나타나는 치매 증상과는 양상이 다르다. 환시를 겪기도 하고 인지 기능 증상의 기복이 심할 수도 있다. 약에 대해 과민 반응을 보이는 경우도 있다. 현실적으로 인지 기능을 완치할 수 있는 치료는 없다. 그러나 적절한 약물 요법으로 도움을 받을 수 있다.

• 회복의 의미: 약물 요법에 의존하고 있으나 회복운동으로 소뇌 시냅스를 통한 학습이 인지 회복과 뇌 명령 개선에도 영향을 주어 회복 임상으로 볼 수 있다.

자율신경계 이상
기립성 저혈압, 변비, 소변 장애, 성 기능 장애, 후각 이상, 장운동 이상 등의 자율신경계 이상이 발생할 수 있다.

• 회복의 의미: 뇌신경 세포 문제로 내부 장애까지 발생해 절망하게 되지만 꾸준히 회복운동을 하면 많이 해소되는 것을 볼 수 있다. 특히 균형감과 동작, 언어, 시각 등의 개선으로 심리적인 안정과 자율신경계 이상에도 좋은 영향을 준다. 더 나아가 내부 질병과 장운동, 당뇨 조절을 위한 걷는 운동 기능까지 있음을 알 수 있다.

수면 장애
많은 파킨슨병 환자가 불면증 이외에도 기면, 주간 과다 졸림증, 하지 불안 증후군, 렘수면 행동 장애, 주기성 사지 운동 장애 등의 수면 장애가 동반될 수 있다. 렘수면 행동 장애는 수면 중에 심한 잠꼬대를 하거나 헛손질과 헛발질을 하는 것이다. 수면 장애는 파킨슨병의 운동 증상이 발생하기 이전부터 관찰되기도 한다.

• 회복의 의미: 수면 장애는 가족들에게도 어려움이 된다. 장소와 관계없이 앉으면 졸 때 바닥으로 떨어져 위험을 초래하기도 한다. 파킨슨병 증상들로 회복운동을 시행하면 대부분 하품과 졸림 현상과는

성질이 다르게 나타난다. 회복운동 후 위 증상들은 서서히 사라지거나 회복을 보여 다른 요인도 있는지 알아볼 필요가 있다. 회복운동 도중 하품과 졸음은 회복되고 있다는 척도다.

배뇨 장애
소변을 자주 보는 빈뇨가 흔하게 나타난다. 야간에 빈뇨가 나타나면 수면을 방해한다.

• 회복의 의미: 비장애인들에게도 전립선비대증 등으로 나타나는 뇌 문제로 동반되는 현상 중 하나다. 회복운동으로 호전되는 것을 볼 수 있다. 각 신체 기능 악화로 누워서 생활하는 분들에게는 걷는 운동까지 겸할 수 있어 대사 기능에 도움이 된다.

기타
통증, 무감각, 피로, 후각 저하 등의 감각 이상이 동반된다.

• 회복의 의미: 현재로서는 발병 초기 몸의 기억이 있을 때 시행하는 회복운동이 큰 도움이 된다(회복운동 발가락 감각 부분을 참고하라).
일반인들도 일치하는 분들이 많지 않아 평상시 뇌와 발가락 신경이 일치되고 있는지 알 필요가 있다. 반복해 꼬집어보면 소뇌 시냅스에 전달되는 속도가 빨라짐을 알 수 있다.

- 회복 동작에도 해당 부위가 당김은 돌아오고 있는데 발가락 부위만 시원함을 느낀다면 문제다. 이런 경우는 파킨슨병을 진단받지

않은 일반인들도 있어 다른 뇌 손상 진행이나 심한 스트레스로 뇌신경망이 엉켜 정리가 필요한 분들이라고 유추해볼 수 있다.
- 뇌를 깨워 뇌신경 전달 소실을 막고 새롭게 입력해야 할 일을 근육 운동으로 극복하려는 분들이 있다. 이럴 때는 근육 운동에 앞서서 감각이 사라지는 부위와 관련된 뇌신경 코드를 찾아주거나 만들어줄 수 있는 회복운동을 꾸준히 반복 해줘야 한다. 물론 근력 운동이 필요 없다는 것은 아니다.

5. 회복 재활

위에서 증상별로 회복의 이해와 방법을 설명했다면 이어서 세부 회복과 심화 회복의 단계적 회복 방법을 기술한다. 인간의 체중을 안정적으로 지탱하며 서고 걷는 데 중심 역할을 하는 발목 인대가 제 역할을 못 하면 다른 부위가 대신하게 된다. 체중을 받쳐주지 못하면 그 값을 대신하는 상체 부위들에 문제가 생기게 되어 흔들거나 떨리게 되고 균형과 제어 기능이 사라진다. 이때는 일반적으로 발생하는 증상과 달리 뇌 문제로 인한 것이라 회복이 어렵다.

기본 회복운동
앞장에 언급된 회복운동과 같다.

하지 회복 재활 후 상지 회복 재활
단순히 뼈와 근력 작동 문제가 아님을 뇌 관련 약물 처방으로 알 수 있다. 지금껏 뇌 회복 방법이 전무한 상태였다. 그렇기에 뇌 문제로 발생하는 증상일 때는 뇌 메커니즘에 대한 이해가 선행되어야 한다. 관련 동작들을 하지 못하게 되는 이유가 뇌 문제라면 운동 치료가 먼저가 아니고 사라진 뇌 학습을 통해 새로운 뇌 역할을 만들어주는 회복운동을 선행해야 한다.

뇌 문제로 몸의 기능에 이상이 나타날 때는 체중을 떠받치는 발목인대 회복운동을 실시한다. 아킬레스건과 허벅지 뒤가 당기는 만큼 편안함이나 시원함을 모른다면 뇌 문제이기에 소뇌 시냅스를 통해 감각을 찾을 때까지 계속 반복해주어야 한다.

- 회복을 하려면 회복운동법을 따라 진행해야 한다.
- 회복운동을 시행해 몸 중심으로 올라가야 뇌 회복이 가능하다.
- 서고 걷는 문제가 해결되면 다리에서 머리까지 짝을 이루는 기능과 균형과 힘들이 균등하게 작동할 수 있게 세부 회복운동 방법을 실시한다.

※ 위 동작들은 단순한 재활운동이 아니라 뇌에 새롭게 동작을 인지시키는 것이다.

6. 불치병의 회복운동 기준은 없을까?

뇌 문제의 정확한 원인과 치료 방법이 있다면 병명의 기준도 일관성을 가질 수 있을 것이다. 하지만 병명은 다른데 증상들이 겹치거나 비슷비슷해 임상을 해보면 대부분 회복 경험치로 기준을 잡아야 하는 경우가 많다.

병명을 기준으로 삼아 회복운동 임상으로 회복되는 데이터를 만들면 더욱 체계적으로 회복을 도울 수 있을 것이다.

파킨슨병과 뇌 문제

파킨슨병 증상이 바로 나타나는 경우는 의외로 회복이 쉬울 수 있다. 임상을 해보면 뇌졸중이나 뇌수막염 등과 같은 뇌 관련 증상으로 시작해 나타나는 파킨슨병 증상은 떨림보다 경직되어 뻗치게 나타나 무릎 손상과 고관절이 변형이 심하다. 회복운동을 해보면 진행을 늦출 수 있고 회복에서도 시간 차이일 뿐이지 회복하는 임상 결과가 나온다.

치료 불가인 뇌 문제

뇌로 인한 결절성 경화증(Tuberous Sclerosis)은 경련, 정신 지체, 혈관 섬유종(피지 선종) 등을 특징으로 하는 신경계 유전 질환으로 뇌, 신장, 심장, 눈, 폐 및 기타 기관에 영향을 미치는 복합성 질환이다.

결절성 경화증처럼 뇌와 관련하여 불치라고 판단하는 병명에 하루빨리 회복운동을 적용해보고 싶은 마음이 간절하다. 더구나 증상이 유사한 소뇌위축증이나 척추소뇌변성증 모두 회복되는 정도에 차이가 있지만 회복되거나 병세 악화를 지연시키는 임상 결과가 나온다.

소뇌위축증

1. 개요

소뇌위축증은 파킨슨병과 척추소뇌변성증의 장애와 유사점이 있다. 모두 뇌 문제인데 도파민 파괴가 원인으로 소뇌 운동을 설계하고 실행하는 데 운동 조절 기능과 세밀한 동작이 어렵고 서고 걷기가 불가능하게 되고 언어와 시각과 소변 감각 문제 등 여러 가지 장애로 나타난다. 쉽게 피곤하거나 걷고 오르내릴 때 힘들어하며, 어지럼증을 호소하는 것으로 증상이 시작된다. 의학적인 내용을 중심으로 회복운동으로 지연과 회복되는 임상을 소개하고 회복에 도움이 되고자 한다.

2. 소뇌위축증이란?

소뇌는 몸의 운동 균형을 잡고 동작을 유지하며, 발음을 정확하게 하는 기능을 담당한다. 비틀거리는 보행 장애와 말이 어눌해지는 언어 장애, 손발을 마음대로 사용하지 못하는 운동 장애 등 사람마다 차이는 있고 병세가 급속히 진행되기도 하고 천천히 진행되기도 한다. 발병하면 걷거나 밥 먹는 것은 물론 혀를 굴리거나 침을 삼키는 것조차 힘들어진다. 병세가 악화되면 와상마비 상태가 되어 욕창이나 폐렴, 호흡 장애 등으로 악화되어 생활하는 게 극히 어렵게 된다. 소뇌 퇴행성 변화가 오는 유전성 소뇌 이상 질환군으로 희귀 난치병으로 분류된다.

3. 증상

통상 어지럼증을 느끼거나 서서 바르게 걷지 못하고 일어서면 빈혈이 일어나 기립성 저혈압으로 오해하는 경우도 있다. 배뇨가 어려워지기도 하고 배뇨 감각과 제어 기능이 사라지기도 한다.

- 실조증으로 근육을 협력적으로 사용하지 못하고 운동 기능, 평형 감각의 조절이 어려워 인체 부위에 영향을 받는다. 눈 문제로 헛잡거나 흔들거린다.
- 동작 반복 운동의 속도가 느려진다.
- 발음이 어눌해지고, 침 삼키기가 어려워진다.
- 안구가 흔들거리는 '안구진탕'이 생기기도 한다.
- 고개가 숙여지고 침을 흘리고, 팔다리 동작이 어둔해진다.
- 비뇨기 감각이 사라지고 방광염에 쉽게 노출된다.
- 심해지면 와상마비 상태로 24시간 보호가 필요하다.

(서울아산병원 의료정보 참조)

4. 종류

우성유전성, 열성유전성, 산발성 등 크게 3가지로 분류된다. 유전성의 경우 유전자 검사와 가족력 등을 통해 진단할 수 있다.

유전자 문제가 아닌 발병을 산발성으로 분류한다. 산발성은 대부분 파킨슨증후군(파킨슨병과 증상이 비슷한 질환)들과 소뇌위축증 등으로 나타난다.

5. 원인

원인을 모르지만 대사 장애로 나타나 치료에 어려움이 많다. 후천성으로 감염, 소뇌 혈관 질환, 소뇌 외상, 종양 등 직접 소뇌 병변을 일으키는 질환이다. 그 외에도 갑상선 호르몬 장애, 전해질 장애 등의 원인과 드물게는 몸 어딘가에 존재하는 암세포에 의해서도 운동 실조와 같은 소뇌 장애가 올 수 있다.

6. 진단

뇌 질환과 뇌 손상은 운동 실조 현상이 공통적이라고 볼 수 있다.
- 발음이 어눌해지는 구음 장애.
- 걸을 때 바르게 서지도 걷지도 못하고 비틀거린다.
- 잡고자 하는 목표물에 정확한 동작이 어렵다.
- 근력 소실로 단순한 동작에서 연속 동작이 어려워진다.

7. 증상으로 본 회복

　진행성으로 발목에서부터 시작되어 점차 윗부분 근력 약화와 더불어 기능 동작이 어눌해지거나 사라진 듯 작동이 멈추며 고개는 거북목처럼 된다.
　혀도 굳고 침도 흘리며 목소리와 발음이 어눌해지는 등 와상마비 상태가 된다. 중요한 사실은 빠르게 진행되더라도 회복운동으로 경직을 막고 회복할 수 있게 꾸준히 하면 증세를 늦출 수 있고 회복으로 이어진다. 현재까지 임상으로 알 수 있는 것은 문제가 되는 뇌 데이터의 대부분은 삭제 과정을 거쳐 새로 학습한 내용이 자리 잡는데 여러 번 반복해주면 사라지지 않고 학습된 동작을 한다.
　동작 기능들이 사라진 후 새롭게 만들어진 뇌 기능은 어린아이가 경험을 통하여 숙달과 힘 조절을 할 수 있듯이 경험을 통해 인지하게 해줘야 한다. 손뼉을 치라고 하면 마주칠 때 본능적으로 부딪치지 못하는데 부딪쳐도 괜찮다는 경험을 하게 해줘야 하는 것과 같다.

회복운동 순서

발과 발가락

- 회복운동으로 소뇌 시냅스 스위치를 켠다.
- 기본 회복운동, 세부 회복운동, 세부 심화 회복운동, 융합 회복운동 참조.
- 기본 회복운동을 시작에서 수시로 집중해야 한다.
- 회복운동 후 당김은 있는데 편안함과 시원함이 없다면 뇌 문제가 심각하게 진행된 것이다. 대부분 락(lock)으로 발목 인대 수축의

정도와 오금 부위 수축이 심한 정도로 진행 속도를 알 수 있다. 밑으로부터 각 부위 근력 소실로 상위 부위의 장기와 목과 어깨와 소뇌 문제를 진행하게 된다. 수축되어 있을 때는 얼굴에 집합된 기능 등이 스스로 필요치 않다고 삭제되어 있는 경우이므로 회복운동을 집중해서 반복해줘야 한다.
- 회복운동 후 편안함과 시원함이 발등과 발바닥과 발가락에 있다면 뇌신경 세포에 문제가 있거나 진행되고 있다는 걸 알려주는 신호다.
- 회복운동 후 편안함과 시원함이 없다면 반복해 회복운동을 하면 서서히 감각을 느끼게 되는데 사라졌거나 삭제된 뇌세포를 만들기 위한 기초 공사가 시작되고 있다는 신호다.
- 회복운동 후 편안함과 시원함을 발 전체에서 느낀다는 것은 뇌신경 세포의 나쁜 데이터를 삭제하고 사라지고 없는 새로운 뇌세포에 좋은 데이터가 만들어지고 있다는 신호다.
- 다음으로 심한 수축이 오금 부위에 있다면 회복운동과 발 올리기 동작을 길게 해 오금 부위 수축을 펴는 동작이 매우 중요하다. 회복되어가면서 무릎을 구부리고 펼 수 있는 동작이 서고 걷는 데에 큰 영향을 주기 때문이다.
- 발목 인대 수축으로 오금과 허벅지 근육이 약화되어 만들어진 나쁜 데이터를 회복운동으로 삭제하고 뇌 인지 코드가 제자리에 자리 잡도록 반복하는 것이 중요하다.
- 발 들어올리기 동작 후 허벅지에 당김과 편안함이나 시원함으로 회복을 알 수 있게 나타나는 전조는 발목과 같다.
- 발 들어올리기 기본 동작 후 발 최대로 들기 등은 세부 기능 반복

학습을 참고하면 된다. 발가락 감각과 근력 강도를 찾아주는 회복 방법과 같다.
- 늦은 반응을 되돌리는 동작은 세부 심화 동작을 참고하면 된다.

팔
- 발 회복 수준이 되면 팔 동작을 진행한다. 어깨 들기와 돌리기, 팔꿈치와 손목 관절 풀기, 손가락을 깍지 끼고 손가락으로 잡고 있다가 하나 둘 셋 하는 구령에 맞춰 빼는 동작.
- 팔 앞뒤로 흔들기와 90도로 들어 뒤로 빼며 뿌리기 동작.
- 손가락 및 어깨와 팔꿈치 등 필요한 동작을 점차 늘려간다.
- 손뼉을 소리 나게 치기, 양손을 잡고 쳐주기, 벽이나 바닥 등을 손바닥으로 부딪쳐 소리와 힘의 경중을 경험하게 한다.
- 양팔 회복 방법은 세부 동작과 같다.

※ 주의 사항: 통상 휠체어에 앉아 있을 시, 팔걸이에 양팔을 계속 올려놓는 자세는 팔꿈치와 어깨를 경직시키기 때문에 반듯하게 내려놓거나 팔 펴기를 자주 해줘야 한다.

고개 돌리기와 복식 호흡, 숫자 읽기
- 고개 숙이기로 시작해 좌우로 돌리기.
- 복식 호흡으로 코로 숨 들이마시고 1초 멈췄다가 입으로 후 하고 뱉어내기.
- 수준에 맞게 단위를 정해 숫자를 큰소리로 읽기(시행자가 먼저 읽어주고 이어서 따라하게 한다).
- 고개 좌우로 흔들기, 입 크게 벌리기 등 필요한 동작을 늘려간다.

얼굴과 입과 눈 운동
- 얼굴 근육을 입을 옆으로 찢고 입을 크게 벌리고 아래위 턱 관절을 좌우로 크게 벌리며 눈도 크게 뜨기 등 각각 동작을 하고 전체적으로도 한다.
- 입 안 혀 좌우와 아래위 치아 밖과 안쪽으로 돌리기와 혀를 입 밖으로 빼기 등.
- 대상자들이 TV 시청을 자주 하는데 눈으로 응시하면 목 근육이 화면을 보는 동안 긴장되어 목 디스크 유발로 회복을 저해한다.

비운동 재활

우울감이나 수면 부족 등 내적으로 많은 변화와 갈등들이 나타날 수 있어 심리적으로 적극적인 지지를 해주어야 한다.

8. 하지 회복 재활 후 상지 회복 재활

인간이 서고 걷는 데에 중심 역할을 하는 발목 인대가 제 기능을 못해 힘이 부족하면 상부로 올라가기 시작한다. 따라서 도파민 결실로 인한 문제를 역으로 회복운동을 통해서 새롭게 학습하기 위한 회복 의미다. 뇌 문제가 상지 부분이라면 고개와 팔과 척추에 문제가 먼저 올 수 있다. 그러나 대부분 하체가 체중을 받쳐주지 못하면서 그 값을 보상하는 머리 등 상부 부위들에 문제가 생기게 되어 병을 가속화한다.

2단계 회복 재활
세부 회복운동 방법을 참고하라.

세부 심화 회복운동 단계

1, 2단계가 끝나면 심화 회복 역시 기본 회복 동작 후 발가락에서 시작해 부위별로 뇌의 정해진 힘으로만 동작을 할 수 있게 한다. 의학적으로 도파민 파괴로 작동 기능을 잃었다면 사라진 대근육 기능과 관련한 뼈와 관련 연골들을 먼저 깨워 새롭게 학습시킨 후 세밀하고 섬세한 작은 동작 기능별 소뇌 운동을 담당하는 퍼킨지 세포를 새롭게 코드화해주어야 한다. 다행히 몸의 기억이 남아 있어 아이들의 회복운동처럼 오랜 시간을 요하지는 않는다.

1, 2단계의 동작 연결과 복합적인 동작을 두세 가지 정도에서 차츰 늘려가야 한다. 손뼉을 치면서 고개는 문 쪽을 바라보며 상황을 말할 수 있게 하는 방식이다. 여러 가지 응용 동작을 상황에 맞게 동시에 할 수 있게 하면 뇌 학습으로 인지 정리에 도움을 준다. 손을 들고 손가락을 꼽으며 숫자를 맞게 말하게 하는 등 여러 가지를 혼용해줘야 한다.

세부 심화 융합 회복운동

3단계 회복운동을 통해 학습된 신체 부위의 연결을 뇌에 이식해줘야 한다.

- 중증 진행성은 신체의 가장 밑의 말초신경 부위로 각 발가락 하나하나에 자신의 의지와 힘으로 밀고 접는 동작을 수행하지 못한다. 발가락을 자신의 힘으로 밀고 접는 동작은 일반인도 쉽지 않은데 한다는 것은 회복뿐 아니라 서고 걸을 수 있다는 회복의 반증이다. 자신이 스스로 발가락으로 바닥에 대고 밀고 들 수 있는 동작이다.

- 감각과 운동력을 이용한 발차기와 파리채로 거리와 속도와 강약에 맞게 파리를 내려치는 동작을 인지에 심어주는 융합 회복 동작을 뜻한다.
- 두 발로 서서 한 팔로 의지하고 눈으로 거리를 측정하고 가볍게 혹은 힘 있게 목표물에 도달하게 하는 방식이다.

9. 뇌와 관련한 정보

소뇌위축증의 원인을 도파민 파괴로 발병되는 것으로 알고 뇌 치료에 집중해왔다. 그러나 시냅스로 학습하면 소뇌 운동을 담당하는 퍼킨지 세포의 기능 변화로 회복된다는 논문을 회복운동이 임상으로 뒷받침하고 있다.

도파민 축소에 초점을 맞추어 도파민을 늘리는 약물 요법 외에는 아직 회복 방법을 찾지 못하고 있다. 이제는 생각을 혁신하는 창의적 사고가 필요하다.

뇌 문제로 인해 각 인체 부위가 제 기능을 못 한다면 반대로 각 인체를 통해서 뇌 문제가 해소될 수 있다고 생각할 수 있다는 것이 논문으로 확인되었다.

뇌로 인해 나쁜 데이터만 쌓여 더 중증으로 진행하는 것인데 역으로 소뇌 시냅스에 신호를 주면 지연시키거나 회복되는 임상으로 나타나고 있어 함께 활용하고 연구와 노력을 해주기를 바라게 된다.

07

척추소뇌변성증

1. 개요

척추소뇌변성증(spinocerebellar degeneration)은 유전적 요인과 발병으로 소뇌, 뇌간, 척수 등에 변성, 위축, 퇴행성 변화가 오면서 점차 진행하는 운동 실조, 언어 및 지각 장애 등이 특징적으로 발생하는 질환이다. 소뇌 끝과 연결되어 있는 척추소뇌는 소뇌의 지시로 작동되는 곳이라 하지 장애가 크게 나타난다.

2. 회복운동

파킨슨병이나 소뇌위축증과 유사성이 많은 것처럼 회복운동으로 많은 부분 회복되거나 진행을 늦출 수 있다는 임상 결과가 있다.
회복운동 방법은 '소뇌위측증'과 같다.

08 치매

1. 개요

치매의 정의는 후천적으로 기억, 언어, 판단력 등 여러 영역의 인지 기능이 감소하여 일상생활을 제대로 수행하지 못하는 임상 증후군을 의미한다. 치매에는 알츠하이머병이라 불리는 노인성 치매, 뇌졸중 등의 혈관성 치매가 있다. 이 밖에도 다양한 원인에 의한 치매가 있다.

새로운 치료법이 계속 발표되지만, 완전 회복을 담보하는 것은 아니다. 소뇌 시냅스 학습 회복운동이 진행을 늦추거나 회복되는 새로운 임상을 보여준다. 치매 증가로 치매 예방과 치료에 도움이 되고자 서울아산병원의 의료 자료를 인용했다.

2. 원인

전반적인 뇌 기능의 손상을 일으킬 수 있는 모든 질환이 치매의 원인이 될 수 있다. 흔히 알고 있는 알츠하이머병은 원인 미상의 신경퇴행성 질환으로 전체 치매의 50~60%를 차지하고 뇌의 혈액순환 장애에 의한 혈관성 치매가 20~30%를 차지하며, 나머지는 기타 원인에 의한 치매라고 한다.

알츠하이머병은 두뇌의 수많은 신경세포가 서서히 쇠퇴하면서 뇌 조직이 소실되고 뇌가 위축되는 질환이다. 발병의 원인은 명확하게 밝혀지지 않았고 뇌세포의 유전적 질환 때문이 아닌지에 대한 연구가 지속적으로 이루어지고 있다. 다만 유전적 이상이 없는 상태에서 발병하는 알츠하이머병이 80% 이상을 차지하고 있어 아직 명확하게 알려진 부분이 없다고 한다.

혈관성 치매는 뇌 안에서 혈액순환이 잘 이루어지지 않아 신경세포가 서서히 죽거나, 갑자기 큰 뇌혈관이 막히거나 뇌혈관이 터지면서 뇌세포가 죽어 발생하는 치매를 의미한다(서울아산병원 의료 정보 참고).

3. 증상

치매와 건망증은 다르다. 건망증은 일반적으로 기억력이 저하되는 증상이기에 지각력이나 판단력 등은 정상이어서 일상생활에 큰 지장을 주지 않는다. 건망증 환자는 기억력 장애에 대해 주관적으로 지나친 걱정을 하기도 하지만, 잊어버렸던 내용을 금방 되돌리거나 힌트를 들으면 금방 기억해 낸다. 치매는 기억력 감퇴뿐 아니라 언어 능력, 시공간 파악 능력, 인격 등 다양한 정신 능력에 장애가 발생함으로써 지적인 기능의 지속적 감퇴를 초래한다.

기억력 저하

건망증은 어떤 사실을 기억하지 못하더라도 힌트를 주면 금방 기억을 되살릴 수 있다. 하지만 치매 환자는 힌트를 주어도 기억하지 못하는 경우가 많다.

언어 장애

가장 흔한 증상은 물건의 이름이 금방 떠오르지 않아 머뭇거리는 현상인 '명칭 실어증'이다.

시공간 파악 능력 저하

길을 잃고 헤매는 증상이 나타날 수 있고 초기에는 낯선 곳에서 길을 잃는 경우가 나타나고 점차 증상이 진행되면 자기 집을 못 찾는다거나 집 안에서 화장실이나 안방 등을 혼동하는 경우가 나타난다.

일반인들도 운전 중 방향 감각을 순간 잃어버렸다면 뇌 문제가 있을 수 있어 검사해 봐야 한다.

계산 능력의 저하

거스름돈과 같은 잔돈을 주고받는 데 자꾸 실수가 생기고 이전에 잘하던 돈 관리를 못 하게 되기도 한다.

성격 변화와 감정의 변화

매우 흔하게 나타날 수 있는 증상으로 예를 들어, 과거에 매우 꼼꼼하던 사람이 대충대충 일을 처리한다거나, 전에는 매우 의욕적이던 사람이 매사에 무관심해지기도 한다. 감정의 변화도 많이 관찰되고 특히 우울증이 동반되는 경우가 흔하다. 수면 장애가 생길 수도 있고 잠을 지나치게 많이 자거나, 반대로 불면증에 시달리기도 한다.

4. 진단

치매 진단은 먼저 환자와 보호자를 통해 간단한 병력을 청취하고 간단한 선별 검사를 시행하여 인지 능력을 평가한다. 치매가 의심되면 정밀검사를 시행하여 인지 능력이 실제로 저하되어 있는지 진단한다. 정밀검사는 환자의 인지 능력을 같은 연령, 학력, 성별의 정상군과 비교하여 얼마나 저하되어 있는지 신경심리검사를 통해 확인하는 것을 말한다.

정밀검사에서 환자의 인지 능력이 저하된 것이 확인되면 치매라 진단할 수 있고 치매의 원인을 찾기 위한 혈액 검사, 뇌영상 검사(MRI 등)를 시행하고 검사를 통해 치매의 원인이 확인되면 원인에 맞는 치료를 진행한다.

5. 치료

원인적 접근

치료 가능한 치매 환자에게 적용할 수 있는 방법. 뇌출혈, 뇌종양,

정상압 수두증 등으로 인한 치매는 수술을 시행할 수 있고, 뇌경색으로 인한 혈관성 치매는 고혈압, 당뇨, 흡연, 고지혈증 등과 같은 위험 요소를 사전에 제거하거나 지속적으로 치료함으로써 병의 진행을 지연시키거나 예방할 수 있다.

약물 치료

현재도 다양한 약물에 대한 연구가 진행 중이다. 치매로 인해 나타나는 정신 증상을 치료하기 위한 항우울제, 항정신병 약물 등을 사용한다.

기타 접근 방법

치매는 신경 인지 기능의 점진적인 감퇴로 인해 일상생활 전반에 대한 수행 능력 장애가 초래되는 질환으로 현재까지 발생기전이 확실히 규명되지 않았으며, 획기적인 치료제도 개발되지 못하고 있다. 따라서 환자는 기본적 일상생활을 최대한 스스로 유지할 수 있도록 하는 작업 요법, 인지기능 강화 요법 등과 같은 다양한 프로그램에 참여함으로써 삶의 질을 향상시킬 수 있다.

6. 경과와 합병증

치매의 임상 경과는 원인에 따라 매우 다양한 양상을 보이기에 일률적으로 기술하기는 무척 어렵다. 일부 치매(예: 영양 결핍, 염증에 의한 치매 등)의 경우는 적절한 치료를 받으면 이전의 상태로 돌아갈 수 있다. 하지만 치매 환자의 대부분을 차지하는 알츠하이머병은 인지기능 장애가 서서히 일어나서 점차 증상이 심해지는 경과를 보인다. 따라서 호전을 기대하기는 어렵다. 악화를 방지하는 것이 치료의 목표가 되어야 한다.

알츠하이머 치매는 시간에 따라 악화하는 경향을 보이고 혈관성 치매는 혈관 상태가 잘 유지된다면, 호전을 기대하기는 어렵지만 더 악화하는 막을 수 있다. 일반적으로 치매는 초기에 일상생활에 지장이 없으며 단지 기억력 등의 인지 장애가 먼저 나타나고 시간이 지나면 일상생활에 지장이 발생하여 직업 유지와 집안일을 하는 데 어려움이 생긴다. 질환이 더 진행하면, 다양한 행동 증상(예: 배회, 환각, 화를 냄, 불면)이 나타나기 시작한다.

치매 환자 사망의 가장 흔한 직접적 원인은 폐렴, 요로감염증, 욕창성 궤양 등의 감염으로 인한 패혈증이다(서울아산병원 의료정보 참조).

7. 회복운동

아직 뚜렷한 원인을 모르고 치료법도 없어 두뇌 회전에 도움이 되는 놀이나 독서, 바른 식습관과 걷는 운동을 제시하고 있다. 회복운동 방법은 소뇌 시냅스 학습으로 퍼킨지 세포의 운동회복뿐 아니라 뇌세포 손상과 뇌혈관 문제로 여러 뇌 질환에 직접 관여하는 임상 회복을 볼 수 있어 긍정적이다.

그동안 뇌신경 손상 임상으로 뇌졸중 치료 후 뇌경색의 경우 뇌세포의 여러 군데 손상 부위에 나쁜 데이터가 오랜 시간 쌓여 치매나 파킨슨병 등으로 재발하는 것을 임상에서 예측할 수 있다.

기본 회복운동으로 알 수 있는 것들
- 치매 진단을 받은 분을 회복운동을 해보면 정신 질환에서 나타나는 발에 당김이 몰려 있고 시원함도 모르거나 엉뚱하게 머리나 가슴이 시원하다고 한다.
- 회복운동을 시작하면 중증일수록 나쁜 데이터를 삭제할 양이 많아서인지 정신 질환처럼 손바닥을 발바닥에 손을 갖다 대기만 해도 소스라치게 놀라거나 심한 아픔을 느낀다. 두 번째부터는 통증이 줄어들어 계속할 수 있다. 그래서 다른 대상자보다 자주 주기적으로 해줘야 한다.
- 인지 장애로 출발하여 개인의 유전성이나 삶의 환경에 따라 어떤 뇌질환으로 변할지는 임상으로 정확히 알 수 없으나 락(lock)을 걸어 오는 강도와 떨림 등으로 전조 정도는 짐작할 수 있다.
- 회복운동을 계속하면 당김과 시원함이 다리로 이동한다.
- 서고 걷는 동작이 힘 있고 편하게 변하는 동작을 보면서 몸 중심과 뇌가 무관하지 않음을 알 수 있다.

※ 많은 수의 임상이 아니라 아쉽지만 시냅스로 뇌 학습을 통하여 회복되는 질환들처럼 새롭게 회복되는 변화로 볼 수 있다.

급성 치매의 대처와 회복

치매가 급성으로 발병하면 당황하는데 이때 어떻게 대처하느냐에 따라 회복이 아닌 만성 증세가 될 수도 있다.

직계 가족일수록 지극히 일상적이고 상식적인 일을 엉뚱하게 생각하고 표현하고 행동하는 모습을 보면 남의 치매는 보다 객관적인 대처를 하는 것에 비해 가족들은 애타는 마음이 앞서서인지 인내의 한계를 쉽게 나타낸다.

27년 전쯤엔가, 치매를 앓고 계신 분이 임의시설에서 증상에 과도한 반응도 보이지 않고 오히려 웃으며 즐겁게 간병하시는 분을 통해 호전되는 것을 볼 수 있었다. 그때 알게 된 것이 어떤 말과 행동을 하더라도 같은 편이 되어 진심으로 사랑으로 대하면 호전될 수 있다는 것이다.

진심을 다해 상태를 이해하고 건강했던 옛 모습과 비교해 판단하지 말고 사랑으로 돌보는 것이 호전되고 회복되는 길이다.

치매를 앓고 있는 분들을 다 이해할 수 없지만 가족들과 간병인들이 꼭 참고해 주셨으면 싶다. 위에 언급한 임상이 전부는 될 수 없어 전문의 치료와 전문 간호사가 있는 전문 병원의 시스템 안에서 치료받는 걸 추천한다.

회복 동작 방법

회복 동작은 1, 2장과 같은데 단순한 재활 치료가 아닌 뇌 학습으로 망가진 뇌는 고치고 사용할 수 없는 뇌는 새롭게 구축해 회복하는 방법이다.

치매 유발 뇌 노폐물 배출 경로 찾았다

세계 최초로 뇌막 림프관이 퇴행성 뇌질환에 관여하는 규명을 기초과학연구원(IBS) 혈관연구단장 겸 한국과학기술원(KAIST) 고규영(65) 특훈교수가 해냈다.

치매나 파킨슨병과 같은 퇴행성 뇌 질환을 예방할 수 있는 실마리를 국내 연구진이 찾아낸 것이다. 코 뒤쪽 거미줄처럼 얽힌 림프관이 치매 등의 뇌 속 원인이 되는 노폐물을 배출하는 핵심 통로로 약물이나 손쉬운 자극만으로도 노폐물 배출을 증가시킬 수 있다.

나이가 들수록 이 뇌막 림프관의 기능이 저하돼 노폐물 배출 능력이 떨어짐을 확인했다. 이전에는 뇌 척수액에 녹아든 노폐물과 독성이 뇌 밖으로 배출되는 경로가 베일에 싸여 있었다.

비인두 림프관이 노폐물 배출 허브로 새롭게 확인되었다. 비인두 림프관은 코로나 검사를 할 때 면봉으로 채취하면 딱 아픈 부분을 가리킨다. 그 점막 뒤에 수많은 림프관이 형성되어 있다.

'목 림프관' 조절로 노폐물 배출의 정상화가 가능하고 근육을 약물 등으로 조절하면 뇌 청소를 증가시킴으로써 치매 같은 신경성 뇌질환 환자를 예방하거나 악화하는 것을 지연시킬 수 있는 새로운 방법이 될 것이라 한다.

기초과학연구원의 결과가 하루빨리 임상으로 확인되어 회복 방법이 실용화되기를 기대해 본다. 림프관으로 배출을 돕는 자극 방법은 비인두 림프관을 검색하면 쉽게 알 수 있다.

09 뇌전증

1. 개요

뇌전증(Epilepsy, 간질)은 뇌신경 세포가 일시적으로 이상을 일으켜 과도한 흥분 상태를 유발함으로써 나타나는 의식 소실, 발작, 행동 변화 등과 같은 뇌 기능의 일시적 마비 증상이 만성적, 반복적으로 발생하는 뇌 질환을 의미한다.

대뇌에서는 서로 연결된 신경세포들이 미세한 전기적인 신호를 통해 정보를 주고받는다. 이러한 정상적인 전기 신호가 비정상적으로 잘못 방출되면 발작이 나타난다(서울아산병원 의료정보 참조).

2. 원인

뇌전증(간질)의 원인에는 임신 중의 나쁜 영양 상태, 출산시의 합병증, 두부 외상, 독성 물질, 뇌 감염증, 종양, 뇌졸중, 뇌의 퇴행성 변화 등이 있다. 하지만 아직 뇌전증의 정확한 발생기전을 알 수 없는 경우도 많다. 뇌전증은 출생시, 출생 후에 모두 발생할 수 있다.

뇌전증 발작이 여러 심각한 뇌질환의 증상 중 하나로 발생할 수도 있다. 이러한 경우에 뇌전증의 원인이 된 질환이 더 문제가 되는 경우가 많다.

뇌전증을 유발하는 대표적인 질환을 연령에 따라 구별하면 다음과 같다.

① 영아기: 주산기 뇌 손상, 선천성 기형, 저칼슘증, 저혈당증, 대사성 질환, 뇌막염, 뇌염.
② 유아기: 열성 경련, 주산기 뇌 손상, 감염.
③ 학동기: 특발성, 주산기 뇌 손상, 외상, 감염.
④ 청장년기: 외상, 종양, 특발성 감염, 뇌졸중.
⑤ 노년기: 뇌졸중, 뇌 외상, 종양, 퇴행성 질환.

이처럼 뇌전증의 원인은 연령에 따라 달라진다. 뇌전증이 발생한 경우 그 원인에 대한 정밀 검사가 필요하다.

3. 증상

뇌전증(간질)의 가장 흔한 증상은 운동성 경련 발작이다. 하지만 증상은 다양한 양상으로 나타난다. 뇌의 영역과 위치에 따라 고유 기능이 모두 다르기 때문이다. 팔의 움직임을 조절하는 뇌 영역에서 발작 증상이 나타나면, 단지 한쪽 팔만 떠는 정도의 증상만 발생할 수 있다.

측두엽 부분에서 뇌전증 증세가 나타나면, 멍해지면서 일시적으로 의식을 상실하고 입맛을 다시는 증상이 나타날 수 있다. 양쪽 뇌에 전체적으로 퍼지면, 거품을 물고 온몸이 뻣뻣해지며 대발작이 발생할 수도 있다.

이처럼 뇌전증에 의한 발작은 영향을 받은 뇌의 부위와 그 강도에 따라 눈꺼풀을 가볍게 깜빡이는 것부터 몸 전체가 격심하게 떨리는 것까지 다양한 양상으로 나타난다.

4. 치료

뇌전증(간질)의 치료는 크게 약물 치료와 수술 치료로 구분된다. 두 치료 방법 중 약물 치료가 우선이며 기본이다. 뇌전증 환자 10명 중 7~8명은 약물로 조절이 가능하다. 약물로 조절이 가능한 7~8명 중 3명은 2~5년 정도의 약물 치료 후에 약을 끊어도 경련이 재발되지 않는다. 약물로 조절되는 나머지 3~4명은 약을 끊으면 경련이 재발하므로 오랜 기간 항경련제를 복용해야 한다. 약물로 뇌전증이 완전히 조절되지 않는 환자는 대략 10명 중 3명 정도다. 이들 중 수술 치료의 대상이 되는 환자는 뇌전증 수술을 진행한다.

수술 치료

약물로 완전히 조절되지 않는 약물 난치성 뇌전증(간질)은 발작을 일으키는 뇌 조직(간질 초점 부위)을 수술로 제거하여 치료할 수 있다. 이러한 제거술은 약 50년 전부터 시행되었다. 수술 치료의 대상인 환자는 다음과 같다.

- 뇌전증이 약물로 조절되지 않는 환자.
- 약물 요법으로 뇌전증이 조절되더라도 평생 약을 복용해야 하고, 수술 요법으로 치료할 수 있으며, 수술 요법이 약물 치료보다 유리한 환자.
- 난치성 뇌전증은 아니더라도 간질의 원인이 뇌종양, 뇌혈관 기형 등에 있어서 종양의 진행이나 뇌혈관 기형에 의한 출혈의 위험성을 막기 위해 뇌전증 수술을 시행하는 환자.
- 드물지만 약에 대한 심각한 부작용으로 약물 치료가 불가능한 환자(서울아산병원 질병백과 참조).

5. 회복 재활

전문의 진단과 수술과 약물 치료 후에도 회복되지 않으면 무엇으로도 위안이 될 수 없다. 회복운동 임상으로 전문의와 함께 회복운동을 하루빨리 정립해서 적용해야 할 것이다.

회복 방법

뇌 회복을 위한 기본 동작과 세부 동작, 심화 회복운동은 같다. 뇌전증 증상은 여러 손상에서 나타나고 있어 임상군들 증상과 염색체 이상과 뇌질환의 공통 증상 회복은 각각 빠른 협업으로 확인이 필요한 부분이다. 소뇌 시냅스 회복운동 방법은 잘못된 뇌세포를 삭제하고 새로이 학습시켜 회복되는 것으로 보아 소뇌 시냅스 논문을 임상으로 뒷받침하고 있다.

10

결절성 경화증

1. 정의

결절성 경화증(Tuberous Sclerosis)은 경련, 정신 지체, 혈관 섬유종(피지 선종) 등을 특징으로 하는 신경계 장애다. 1880년 프랑스의 신경과 의사 브르누뷰(Bourneville)에 의해 처음 명명된 유전 질환이다.

결절성 경화증은 뇌, 신장, 심장, 눈, 폐 및 기타 기관에 영향을 미치는 복합성 질환이다. 대부분 출생 전이나 출생시부터 증상이 나타나며, 모반증이나 신경피부증후군의 하나로 분류된다.

발생 빈도는 약 7,000~1만 명당 1명으로 보고된다. 진단되지 않거나 오진하는 경우가 많아서 발생 빈도는 더 높을 것으로 여겨진다.

(서울아산병원 질병백과 참조)

2. 원인

결절성 경화증은 상염색체(autosome) 우성으로 유전되지만, 70~80% 정도가 자연발생적으로 발병하며, 서로 다른 여러 가지 유전자 돌연변이에 의해 발생한다. '결절성 경화증'이라는 명칭은 석회화되거나 경화되는 뇌의 결절에 의해 명명되었다.

첫 번째 원인 유전자(TSC1)는 염색체 9번 장완(9q34)에 위치한다. 두 번째 원인 유전자(TSC2)는 염색체 16번 단완(16p13)에 위치한다. 환자의 약 20% 정도는 원인 유전자를 밝히지 못하였다.

3. 증상

결절성 경화증은 다음 중에서 하나 또는 그 이상의 증상이 나타나며, 모든 증상이 나타나기도 한다.

- 뇌전증: 80%의 환자에게서 발작이 나타난다. 조절하기 힘든 경우가 많다.
- 지능 저하: 모든 환자에게 나타나는 것은 아니며, 경중의 차이가 있다.
- 행동 장애: 지나치게 활동적이고, 수면 장애가 있다. 자폐 증세가 나타나기도 한다.
- 피부 증상: 초기 증상으로 출생시부터 몸통과 사지에 흰색 피부 반점이 발생한다. 1~5세쯤에는 90% 정도의 환자에게서 코 주위와 뺨에 대칭적인 혈관 섬유종이 나타난다. 처음에는 빨간 발

진이 발생하며, 이후에는 여드름 같은 뾰루지로 변한다.
- 발작: 환자의 80% 정도에서 발생한다. 주로 어른보다 신생아, 소아에게서 나타난다. 발작을 보이는 환자의 80%가 전신 발작을, 20% 정도가 부분 발작을 보인다.
- 정신 지체: 주로 어린 시기에 발작을 경험한 환자들이 정신 지체를 겪는다. 45% 이하의 환자는 정상적인 지능을 갖는다.
- 피질성 결절(대뇌의 과오 조직): 드물게 경련성 마비, 반맹, 불수의적인 행동, 운동 실조, 안근 마비 등이 나타난다. 이 밖에도 뇌실막 결절, 뇌실 내 종양, 거대세포 성상세포종, 뇌수두증 등이 발생한다.
- 피부 반점: 환자의 80%는 피부에 저멜라닌성 반점이 나타나는 증상을 겪는다. 신생아기부터 모든 연령대에서 몸통과 사지에 탈색된 반점들이 나타난다.
- 안면 혈관 섬유종(피지 선종): 이 질환의 특징적인 증상이며, 50% 정도의 환자에게서 나타난다. 1~5세의 유아나 사춘기 청소년 환자에게 발생한다.
- 손발톱 주위의 섬유종, 손발톱 밑의 섬유종: 이 질환의 특징적인 증상이며, 20% 정도의 환자에게서 나타난다. 15~60세의 환자에게 발생한다.
- 샤그린 반점(가죽반): 20% 정도의 환자에게서 나타난다. 몸통 부위에 오렌지 껍질 모양의 반점이 나타나는 증상이다.
- 섬유성 플라그(일종의 반점): 영유아기에 이마, 눈썹, 볼, 두피 등에 섬유성으로 털이 없는 둥근 반점이 돋아나는 증상이다.
- 신낭종: 주로 소아에게 나타난다. 초기에는 무증상이지만, 말기

에는 심각한 고혈압의 원인이 된다.
- **혈관근지방종**(과오종): 보통 성인에게 나타난다. 증상은 경미하지만, 드물게 생명을 위협하는 출혈의 원인이 되기도 한다.

4. 회복 재활

근본적인 치료법이 아직은 없어 재활이 어렵다고 한다. 증상도 여러 가지로 뇌 역시 여러 가지 문제가 있음을 말해준다. 그동안 치료 방법으로 사용한 뇌 문제를 일으키는 기전을 찾아 집중적으로 치료하는 직접 치료 방법과 회복운동은 차이가 있다. 회복운동은 소뇌 시냅스를 통하여 잘못된 유전자로 인한 것들을 삭제 후 새롭게 학습시키는 방법이다. 다른 의료적인 방법을 찾을 때까지는 도움이 될 것이다.

치료 불가인 뇌 문제

증상을 보면 시냅스 논문에서 정신 장애와 자폐 등에 더 무게를 두고 있고 회복운동이 발목 아래에서 척수 전각까지 몸의 각 기관 내부 정보를 역으로 뇌 문제를 삭제도 하고 다시 만들기도 하는 임상으로 보아 하루빨리 전문적인 임상이 필요하다. 더구나 증상이 유사한 염색체 이상과 뇌와 관련한 질병들은 정도에 차이가 날 뿐이지 대부분 회복되거나 진행을 지연시킬 수 있다.

방법

기본 회복운동과 세부 회복운동, 세부 심화 회복운동과 같다.

고엽제 후유증

1. 개요

고엽제는 초목, 잎사귀 등을 말려 죽이는 제초제로 사람이나 동물에게도 치명적인 악영향을 끼치는 위험 물질이다. 월남전 고엽제 피해자들에게 나타나는 후유증은 각종 암을 비롯해 전 인체 기관의 질환과 장애로 나타난다. 더군다나 자식에게 대물림되기에 온 가족이 고통과 어려움 속에 살아간다.

국가 보호를 받고 있으나 스스로 생활하는 것은 불가능할 정도다. 경증인 경우라도 노환까지 겹쳐 후유증은 매우 크다. 뇌의 문제로 일상생활이 힘겨울 뿐 아니라 내부 질환과 치아 등의 장애로 건강한 생활이 어렵다.

2. 회복 재활

그동안 치료와 재활 등 한계를 보였지만 기본 회복운동과 심화 회복운동 등으로 서고 걷는 문제와 건강 회복은 임상 결과 회복이 확인되었다. 다만 여건상 많은 분을 임상할 수 없어 안타까운 마음이다.

긴장성 두통

1. 증상과 특성

긴장성 두통은 가장 흔한 만성두통으로 불면증, 만성피로, 어깨 결림, 우울증, 소화 장애, 목이나 어깨, 등과 같은 부위의 근육까지 과도한 긴장과 수축 등 여러 가지 증상을 동반함으로써 생활에 많은 어려움을 겪게 된다.

증상은 사람마다 두통의 강도와 연속성의 차이가 제각각이고 뇌가 쪼그라드는 느낌 등 통증도 매우 다양한데, 견디기 어렵다는 것이 공통점이다. 녹내장, 시력 저하, 안구 건조증, 청력 이상 등 여러 가지 증상으로 나타난다. 현대 의학으로는 아직 뚜렷한 치료 방법을 찾지 못하고 있는데 두통으로 인하여 몸의 근육들이 수축되면 서고 걷는 데 어려운 문제까지 발생할 수 있다.

2. 치료

양·한방 의료 치료를 위해 신경 차단 주사와 약물 치료, 침과 뜸과 한약 등이 주로 사용된다.

3. 회복 재활

두통은 뇌 문제로 마음과 몸 기능까지 힘들게 하고 심해지면 일상생활까지 어렵게 만든다.

뇌 문제가 심해지면서 목, 어깨, 허리, 무릎, 인대 등의 수축으로 이어져 서고 걷는 것까지 힘들게 된다. 두통을 뇌 문제로만 보면 한계가 있다. 일상생활에서 심리적 불안 등으로 생기는 두통이 시작은 미미했으나 조절과 관리를 못 하면 몸으로 증폭된다. 두통이 심해지면 뇌의 스트레스로 발목 인대부터 수축할 정도로 나쁜 데이터가 쌓여 더 힘들게 된다.

두통 문제가 뇌 문제 때문인지 경추 문제 때문인지 검사시 세심하게 주의해야 한다. 회복운동의 주안점은 온몸을 주관하는 뇌와 신체 각 부위 모두의 문제를 시냅스를 이용해 회복시키는 것으로 새로운 방법이다.

회복운동

먼저 회복운동은 뇌의 나쁜 데이터와 통증 스트레스까지 삭제하고 나면 두통을 야기하는 뇌 문제에 관여하게 된다. 문제 원인이 뇌인지 다른 부분인지 전문의 진단이 필요하다. 뇌 문제가 아닌 경추 문제인 경우에는 회복운동과 스트레칭으로 통증이 사라지는 것을 볼 수 있다.

두통과 통증이 역설적으로 목과 어깨, 등과 허리와 허벅지와 오금 부위까지 근육 수축을 일으켜 보행에까지 영향을 주기도 하여 원인을 찾기가 어려워 신경성이라는 진단을 받기도 한다. 뇌 문제와 경추 문제 두 가지 모두의 경우에 회복운동 방법은 같다.

- 회복운동은 뇌에 국한된 두통과 통증도 시냅스 스위치를 통해 삭제한다.
- 회복운동을 시작하면 두통이 지속된 기간만큼 뇌, 목, 어깨, 허리, 무릎, 인대 등의 수축된 곳에 당김만 느껴진다. 계속하면 편안하고 시원한 느낌이 들며 두통을 삭제해 나간다.
- 몸의 수축 삭제 기간은 발병 기간과 각 개인의 두통과 통증별로 차이가 있다.
- 회복운동으로 뇌, 목, 어깨, 등과 허리, 발까지 두통으로 발생된 나쁜 데이터로 인한 통증과 수축이 심할수록 삭제 기간에 차이가 난다.
- 발목 인대와 발바닥, 발가락 기능을 확보하여 완전히 서고 걷는 데는 아무런 문제가 없으면 뇌 역시 물리적인 불안에서 벗어나듯 두통을 야기한 뇌 문제의 나쁜 데이터를 삭제하고 새로운 회복 임상을 볼 수 있다.
- 회복 기간은 각 사람의 상태와 발병 기간과 비례한다.

※ 주의 사항: 두통 환자는 회복운동을 시행하여 시냅스가 열린 상태로 노동이나 나쁜 동작들의 물리적인 근육 자극이 오히려 경직을 유

발할 수 있다. 그렇기에 회복운동을 한 뒤에는 두세 시간 쉬어야 한다. 재활 운동과 침, 뜸 등의 도움으로 임상에서 시너지 효과를 볼 수 있다.

목 디스크
2장. 뇌성마비의 목 디스크 참조.

자폐증/자폐스펙트럼 장애

1. 자폐증

자폐증이란 다른 사람과 상호관계가 형성되지 않고 정서적인 유대감도 일어나지 않는 아동기증후군으로 '자신의 세계에 갇혀 지내는' 것 같은 상태라고 하여 이름이 붙여진 발달 장애다. 자폐증은 사회적 교류 및 의사소통의 어려움, 언어 발달 지연, 행동상의 문제, 현저하게 저하된 활동 및 관심 등이 특징적이다. 1943년 미국의 존스홉킨스 대학의 소아정신과 의사 레오 카너(Leo Kanner)가 처음 학계에 보고했다. 가장 최근에는 통합해서 자폐스펙트럼 장애라는 용어를 사용한다.

소아 1,000명당 1명 정도가 가지고 있으며 대부분 36개월 이전에 나타난다. 여아보다 남아에게서 3~5배 많이 발생한다. 발달 전반에 문제를 보이기 때문에 정신 지체, 언어 장애, 학습 장애, 뇌전증 등 다른 장애가 동반될 수 있다. 증상은 매우 다양한데 심한 경우에는 기괴

한 행동이나 공격성, 때로는 자해 행위 등이 나타나며 가벼운 경우에는 학습 장애 등이 나타난다. 누구도 예외 없이 발병할 수 있어 우리 모두의 문제로 여기고 배려와 이해로 회복을 위해 함께 노력해야 한다.

원인

최근에는 생물학적 원인이라는 견해가 지배적이다. 대표적으로 임신, 분만을 전후한 합병증, 경련성 질환과의 연관, 대사 장애, 감염, 그 외 생화학적 요인 등이 있다.

선천적 요인

여러 대사 장애 및 신체 질환과 관련이 있다고 알려졌다. 이외에 풍진, 헤르페스 뇌염 등의 감염과 특히 임신 3개월 이내에 풍진에 감염되면 태아의 뇌가 손상되어 자폐증을 포함한 여러 문제가 생길 수 있다. 헤르페스 뇌염은 신생아 뇌에 감염된 경우 자폐증과 비슷한 증상을 일으키는 것으로 알려져 있다.

생화학적 요인

주로 세로토닌, 노르에피네프린, 도파민 등의 신경 전달 물질의 변화나 부신 피질 자극 호르몬, 성선 자극 호르몬, 갑상선 자극 호르몬 등 내분비 기능의 이상과 관련이 있는 것으로 알려져 있다.

유전적 요인

자폐 아동의 형제자매들이 자폐 장애가 생길 가능성이 일반인보다 50배가 넘는 것으로 알려져 있으며 유전적 요인이 상당히 높다는 것을 예상할 수 있다.

뇌구조 및 기능의 이상

여러 가지 의견이 있으나 자폐 아동에게서 뇌파 검사의 이상 소견이 자주 나타나며 뇌전산화 단층촬영시 뇌실의 확대가 보고된다. 그 외에도 뇌의 세부구조 중 해마, 편도, 유두체 등에서 세포수가 감소되고 소뇌의 퍼킨지 세포수가 감소되어 있다는 부검 결과가 있다.

증상

사회적 상호관계의 장애, 의사 소통 및 언어 장애, 행동 장애 등이 특징적이다.

사회적 상호관계 장애
- 유아기 때 사회적 미소 반응이 거의 없고 사람들과 눈 접촉을 피하며 신체적 접촉을 싫어하고 혼자 지내려 한다.
- 사람이 아닌 대상(장난감 등)에 관심이 많다.
- 마치 다른 사람들이 없는 것처럼 행동한다.
- 말을 걸어도 반응이 없다.
- 부모가 안아주려고 하면 꼭 안기려고 하지 않고 버둥거리는 등 부모에 대한 애착 행동이 별로 없다.
- 이별 불안이나 낯가림이 없는 경우가 많다.
- 학령기 친구가 없고 성인이 되어도 대인관계나 이성 관계를 맺지 않는다.
- 자신만의 세계 안에서 사는 것처럼 보인다.

- 극단적인 기쁨, 분노, 고통의 경우를 제외하고는 얼굴에 감정 표현이 없다.

의사소통 및 언어 장애
- 말할 때가 지났는데도 전혀 말이 없거나 괴상한 소리를 지른다.
- 유아기 때 옹알이를 하지 않고 언어 발달이 비적상적이거나 늦다.
- 반항 언어를 보인다(남이 말한 단어를 따라 하기).
- 말소리의 크기 조절이 안 되어 너무 크게 이야기하거나 너무 조용하게 말한다.
- 특정 단어를 지나치게 강조해서 말한다.
- 언어적 결함을 몸짓, 가리키기, 눈 맞춤, 또는 얼굴 표정 등과 같은 대안적인 의사소통 방식으로 극복하려고 시도하지 않는다.
- 신조어를 만들거나 대명사를 전도하는 등 다양한 오류를 보인다.
- 외국에서 살아본 적이 없는 경우에도 강한 외국어 억양으로 말하기도 한다.

행동 장애의 특징
- 이상한 행동을 반복적으로 되풀이하는 상동적 행동을 보인다.
- 발가락 끝으로 걷거나 몸을 흔든다.
- 전기 스위치를 켰다 끄기를 반복한다.
- 물건을 의미 없이 계속 회전시킨다.
- 주위 환경의 변화에 저항하고 똑같은 것만을 고집한다.
- 한 가지 질문을 반복적으로 한다.
- 산만하고 가만히 있지 못한다.

- 머리를 부딪치거나 자신의 피부에 손상을 주고 머리카락을 뽑는 등의 자해 행동을 한다.
- 장난감이나 사물에 병적으로 집착한다.
- 숫자나 순서에 집착한다.
- 상상 놀이도 상동적이고 반복적이며 비사회적이다.
- 어떤 형태의 놀이도 제한적이어서 물건을 줄지어 늘어놓거나 자동차의 바퀴를 돌리거나 물건 전체를 돌리는 등의 제한적인 행동만을 한다.
- 일정한 규칙대로만 놀고 이를 방해받는 것을 상당히 싫어한다.

지능 및 인지적 결손

자폐 아동의 70~80%에서는 정신 지체가 동반된다. 지적 능력이 낮은 아동이 사회적 발달에서 더 심한 손상을 보이고 일탈된 행동을 더 많이 보인다.

2. 발달 장애

정의

발달 장애(developmental disability)란 사회적인 관계, 의사소통, 인지 발달의 지연과 이상을 특징으로 하고, 제 나이에 맞게 발달하지 못한 상태를 모두 지칭한다. 언어, 인지, 운동, 사회성 등이 또래의 성장 속도에 비해 크게 느려서 실생활에서 활용할 수 있는 자조 능력이 떨어진다. 발달 장애를 진단하는 데는 사회성 문제가 가장 중요하다. 발달 수준은 시간이 지나면서 변할 수 있고, 또래와 비교하기 때문에 상대적일 수 있다.

원인

유전적인 원인, 후천적인 뇌 구조 손상, 각종 신체 질환, 환경적 요인 등 많은 요인이 복합적으로 발달 장애를 유발한다. 보통 임산부의 면역 시스템에 문제가 있는 경우, 약물이나 담배, 술 등의 유해 환경에 노출된 경우에 발달 장애가 있을 수 있다. 여러 가지 장애 원인은 기형이나 염색체 이상, 자궁 내 감염, 주산기 이상, 진행성 뇌 병변에 의한 것이 많다.

증상

발달 장애 아동은 또래에 비해 언어 습득이나 운동 발달이 느리기도 하고, 상호작용이 떨어지는 모습을 보이기도 한다. 발달 속도는 사람마다 차이가 크고 양상도 다를 수 있으므로, 같은 발달 장애 아동이라도 각기 다른 모습을 보일 수 있다.

3. 자폐스펙트럼 장애

정의

자폐스펙트럼 장애는 아동기에 사회적 상호작용의 장애, 언어 및 비언어성 의사소통의 장애, 상동적인 행동과 관심을 특징으로 하는 질환이다. 대부분 3세 이전 또래들과의 발달 단계의 차이점으로 18개월경에 언어 발달이 늦다. 발달 단계 지능이나 스스로 할 수 있는 자조 기능이 양호한 일부 아이들은 학령기가 되어서야 자폐스펙트럼 장애를 진단받기도 한다. 각각의 문제 행동이 광범위한 수준에 걸친, 복잡한 스펙트럼을 갖는다는 의미에서 스펙트럼 장애라고 한다. 각자의 얼굴이 다르고 뇌가 차이가 있듯이 같은 자폐 증상도 다르게 나타난다.

원인

자폐스펙트럼 장애는 다양한 신경생물학적 원인으로 뇌 발달상의 장애로 인하여 발생하는 질환이다. 임신과 출산 전후 문제와 합병증이 있는 경우 자폐 관련 증상의 발생 위험이 높다는 각종 보고는 있으나 아직 정확한 원인은 알려지지 않았다. 분명한 것은 뇌 발달의 문제로 사회성, 언어, 인지, 정서 조절, 감각 등 스스로 생활이 어려운 증상으로 나타난다.

증상

사회적 상호작용 장애
- 눈 맞추기, 얼굴 표정, 행동이 상황에 맞지 않는다.
- 발달 수준에 적합한 또래 관계를 형성하지 못한다.
- 다른 사람과의 즐거움이나 관심의 자발적인 정서적 상호작용이 부족하다.

의사소통 장애
- 구어 발달이 지연된다.
- 대화를 시작하거나 지속하는 데 어려움이 있다.
- 말 대신 욕구를 몸으로 표현할 때가 잦다.

행동과 관심이 한정되고 반복적이며 상동적이다
- 한정된 관심사에 몰두하지만 합리적이지 않고 몰두 정도가 비정상적이다.
- 과도한 행동으로 튀어 보인다.
- 비기능적인 일이나 관습에 변함없이 집착한다.
- 반복적으로 손이나 손가락을 흔들고 비꼬는 등의 행동을 보인다.
- 물건 등 보이는 한 가지에 지속적으로 집착한다.

(서울아산병원 의료정보 참조)

4. 자폐증/자폐스펙트럼/지적 장애/발달 장애 회복

위에서 언급한 모든 장애는 뇌와 생물학적인 요인 등으로 인해 발생하는 것들로 누구나 겪을 수 있다. 하지만 잘 알지 못하면 편견과 오해로 더 큰 어려움에 빠지는데 이를 해소하기 위해 전문병원의 자료를 먼저 인용했다.

전문 연구가와 전문의의 노력에도 아직 완치보다는 약물 치료가 대부분이고 각 장애에 대해 최대한 일상생활에 적응하는 것을 목표로 노력하고 있다.

현재 카이스트 김은준 교수의 시냅스 연구로 ADHD, 자폐, 조현증 등의 원인을 밝혀내고 치료의 대안을 찾는 데 노력하고 있고, 교수님의 논문으로 뇌 문제로 인한 뇌 질환과 뇌 손상과 DNA 염기 서열 문제를 가진 대부분의 증상에서 임상 결과로 회복을 보이기에 회복될 수 있다는 믿음이 있다.

회복 방법

장애 특성도 다양하고 대부분 뇌 문제로 나타나는 증상으로 기본 회복운동 방법도 시냅스의 뇌 학습 개념으로 회복시키는 방법이어서 많은 회복 변화를 임상으로 알 수 있다. 각 사람에게 나타나는 장애 정도와 회복 변화를 역으로 전문 의료 검사로 확인할 수 있으면 더 빠른 치료 방법을 찾을 수 있으리라 믿는다.

- 대부분이 아이들이므로 소통하기가 쉽지 않고 상호관계 맺기도 힘들어 회복운동을 진행하기가 난감하다. 상대가 자신의 발을 들고 발을 만지도록 수용하는 관계를 맺는 것은 쉽지 않은 일이다. 따라서 처음에는 부모나 가족들이 서로 발목 잡기 놀이를 하는 형식으로 흥미를 끌어 자연스럽게 발목과 발 들어올리기 동작을 하도록 유도해야 한다.
- 관심과 흥미를 끌어 단 1회 동작에도 과도할 정도로 칭찬하고 즐거워하는 모습을 보이면 2~3회 정도는 할 수 있고 이런 반복을 계속할 수 있다.
- 특히 일정한 운동보다는 혼자서 관심 있는 것으로 달려가는 부산함의 정도가 운동의 전부인 아이들에게 회복운동은 걷고 뛰는 운동 효과도 있다.
- 회복운동 후 자신의 변화를 물어볼 수 없지만 어디가 아픈지 몸에 나타나는 증상은 뇌가 먼저 알게 되어 몸의 반응으로도 알 수 있고 표현이 가능한 아이는 의외로 몸으로라도 표현하거나 말로도 곧잘 드러낸다.

주의력 결핍 과잉행동 장애

1. 정의

주의력 결핍 과잉행동 장애(Attention-Deficit Hyperactivity Disorder, ADHD)는 아동기에 많이 나타나며, 지속적으로 주의력이 부족하여 산만하고 과다 활동, 충동성을 보이는 상태를 말한다. 이러한 증상을 치료하지 않고 방치하면 아동기 내내 여러 방면에서 어려움이 계속된다. 일부는 청소년기와 성인기가 되어서도 증상이 남는다(서울아산병원 질병백과 참조).

2. 원인

뇌 안에서 주의 집중 능력을 조절하는 신경전달 물질(도파민, 노르에피네프린 등)의 불균형에 의해 발생한다. 주의 집중력과 행동을 통제하는 뇌 부위의 구조 및 기능의 변화가 ADHD의 발생과 관련된다. 뇌 손상, 뇌의 후천적 질병, 미숙아 등이 ADHD의 원인이 되기도 한다.

3. 증상

주의력 결핍의 증상
- 주의 집중을 하지 못한다.
- 멍하게 다른 생각을 한다.
- 남의 이야기를 귀담아듣지 않는다.
- 학습이나 놀이 중에 주의력이 쉽게 분산된다.
- 꼼꼼하지 못하고 부주의한 실수가 잦다.
- 지시대로 따라하는 것을 잘하지 못한다.
- 주어진 과제를 끝마치지 못한다.
- 주어진 일을 체계적으로 수행하지 못한다.
- 물건들을 자주 잃어버린다.
- 해야 할 일이나 약속 등을 자주 망각한다.

과잉행동 및 충동성의 증상
- 정신적 노력이 많이 드는 일들을 귀찮아한다.
- 발에 바퀴가 달린 것처럼 계속 움직인다.
- 자리에 가만히 앉아 있지 못한다.
- 손발을 꼼지락대고 만지작거린다.
- 지나치게 말이 많다.
- 질문이 채 끝나기 전에 성급하게 대답한다. 순서를 지키는 것을

힘들어한다.
- 다른 사람의 활동을 방해하고 간섭한다.
- 조용히 놀지 못한다.
- 참고 기다리는 것이 어렵다.

4. 진단

아동의 행동을 직접 관찰하고 부모님과 선생님을 통해서 아동의 주의 집중 능력과 행동 문제를 확인할 수 있도록 소아청소년 정신과 전문의와 상담하는 것이 가장 중요하다.

5. 치료

ADHD에는 약물 치료가 가장 효과적이다. 환자의 80% 정도가 분명한 호전을 보인다. 집중력, 기억력, 학습 능력이 전반적으로 좋아진다. 하지만 약물 치료만으로 모든 것이 해결되는 것은 아니다. 병에 대한 정확한 정보를 얻고 아이를 도와줄 수 있게 하는 부모 교육, 아동의 충동성을 감소시키고 자기 조절 능력을 향상시키는 인지 행동 치료, 기초적인 학습 능력 향상을 위한 학습 치료, 놀이 치료, 사회성 그룹 치료 등 다양한 치료가 환아의 필요에 맞게 병행되어야 한다.

6. 회복운동

사회 문제가 될 정도로 미래의 주역인 아이들이 많이 겪고 있어 하루빨리 치유와 회복 방법을 찾아야 한다. 전문의가 아니어서 의학적인 자료를 통해 좀더 이해를 돕기 위해 인용했다. 다행히 회복운동의 논문 근간인 소뇌 시냅스 학습이 정신, 자폐, ADHD 등의 연구 임상 중심으로 조만간 치료 약물로 이어질 수 있어 기대하고 있다. 직접 임상을 할 수 없어 매우 안타깝지만 분명 많은 도움이 될 것이다.

기본 회복운동과 세부 회복운동과 세부 심화 회복운동으로 뇌 문제로 인해 나타나는 장애와 문제는 대부분 회복되는 것으로 보아 전문의의 재활 적용이 시급하다.

그동안 임상 결과 염색체 염기 서열의 원초적인 문제 등 회복 변화로 보아 많은 부분 회복을 기대하게 되지만 먼저 우리 인식의 변화와 사회적 배려가 있어야 한다.

각 가정의 문제가 사회 문제로 발전하면 한 가정뿐 아니라 사회복지와 국가 경쟁력까지 영향을 받게 된다. 개인주의화로 변화되는 사회 환경 속에서도 공공적인 접근이 필요한 이유다.

정신 질환

1. 개요

현대 사회는 복잡다단한 생활 스트레스가 건강뿐 아니라 마음과 정신까지 병들게 하고 있다. 가정과 사회 환경의 문제와 갖가지 오염과 공해와 불특정한 냄새에 노출되는 것도 부족해 술과 담배, 마약성 약물과 주사로 뇌 손상을 일으켜 스스로 삶을 망치게 된다.

그동안 뇌 문제는 전문의에게 의존할 수밖에 없는 현실에서 정신과를 기피하는 왜곡된 인식으로 치료 시기를 놓쳐 더 큰 문제가 되기도 한다. 감기에 걸리면 병원을 찾듯이 스트레스가 심하면 정신과 상담과 치료의 도움을 받아야 한다. 급변하는 사회 문화로 정신적인 문제는 증가하는데 정신과 진료는 아직도 꺼리고 있어 큰 문제다. 최근 들어 술, 담배, 유해 약물, 마약까지 하는 청소년들이 늘고 있어 큰 사회 문제가 되고 있다.

생명공학 발전으로 손상된 뇌가 시냅스를 이용해 회복된다는 논문이 임상 회복으로 증명해 가고 있어 하나의 새로운 대안이 될 것을 기대하고 있다.

2. 우리의 현실

수술과 약 복용으로는 치료가 어려운 정신 장애는 입·퇴원을 반복하거나 집에서 생활하다 심해지면 입원하게 된다. 가벼운 우울증이나 스트레스라도 조기에 전문적인 상담과 치료를 받으면 회복될 수 있으나 길어지면 결국 입원이나 관련 시설에서 격리 보호를 받게 된다.

우리 사회의 잘못된 정신과 인식이 만들어낸 문화를 하루빨리 바꿔야 모든 국민이 정신 건강을 회복할 수 있다. 정신과 상담이 약보다 우선해야 하고 약 처방 비용보다 의료보험 상담 비용을 높여야 약으로 인한 부작용을 줄일 수 있다고 생각한다.

3. 뇌 속을 볼 수 있다

전문의들은 MRI와 MRA와 뇌 영상 등으로 뇌가 일으키는 문제들의 정보를 볼 수 있다. 그러나 아직은 뇌를 들여다보면서도 각각의 기능과 역할을 속속들이 알기에는 한계가 많다. 더욱이 뇌 안에 마음이 어느 기전에 존재하는지 알 수 있는 분은 신밖에 없는 것 같다.

뇌 영상과 겉으로 나타나는 시각적 상태에 더하여 회복운동으로 나타나 알 수 있는 것들과 합해지면 회복에 더 큰 도움이 될 것이다.

4. 뇌를 만들 수 있다

연결된 기능들의 전조로 뇌 상태를 알 수 있는 많은 부분이 있다. 뇌는 정직하면서도 많은 것이 숨겨져 있어서 신비하기까지 하다. 마음의 스트레스와 뇌신경 손상 등으로 비정상적인 뇌가 되면 일상생활이 불가능하게 된다.

수술과 약물이 아닌 또 하나의 방법이 소뇌 시냅스 회복운동이다. 나쁜 데이터를 지우고 삭제한 뒤에 새로운 뇌를 만들기도 하고 사용할 수 없으면 가용 뇌세포로 다시 학습해 만들기도 하는 회복운동으로 몸에 나타나는 현상과 전해지는 느낌과 감각으로 짐작할 수 있다. 물론 한계는 있지만 의학의 발전을 촉진해줄 수 있다.

5. 회복운동 후 공통점

정신과 뇌 문제가 심각한 분들의 회복운동으로 발바닥에 손만 대어도 소스라치게 놀라고 심각할수록 통증으로 손을 밀쳐낸다. 그러나 한 번이 지나면 현격하게 통증이 줄어 다시 시행할 수 있다. 회복운동 후 다리에 당김과 편안함과 시원함이 없거나 있어도 발에만 국한된다면 뇌에 심각한 나쁜 데이터가 쌓여 뇌가 제 기능을 할 수 없다는 걸 표현하는 것이다.

1차 회복운동 후 다리에 당김은 있는데 편안함이나 시원함은 없고 머리에 조임만 있다거나 반복 시행하면 당김은 다리로 시원함은 머리와 가슴에서 다리 부분으로 자리 잡게 된다. 뇌의 나쁜 데이터가 많이 쌓여 있는 만큼 삭제에 시간이 필요하다. 개선되고 있다는 것을 하품과 졸림으로 알려준다.

2차적인 회복은 회복운동을 해보면 발목 인대에 락(lock)을 걸어오는데 반복으로 락이 풀려가면서 화색이 돌고 웃음소리가 커진다. 말투가 부드러워지고 급하게 하던 행동에 여유가 생기며, 불안한 발걸음이 안정을 보인다.

회복운동으로 회복되는 임상 정도와 발전 과정을 뇌 전문의의 연구로 시급하게 정립하길 바란다.

※ 뇌 외상이나 잠수병과 같은 내부 손상 회복

정신과의 약물 치료를 받아 일상생활을 영위하게 되는데 나쁜 데이터가 쌓여갈수록 뇌전증의 운동성 경련 증상보다는 짧고 가볍다. 몸이 흔들리거나 일순간 넘어져도 회복이 빠르다.

회복운동을 하면 이 두 가지 증상이 사라지는 것을 임상으로 확인할 수 있다.

14번 염색체 장완 결손

1. 개요

14번 염색체 장완 24.2-31.1 부분의 미세 결손은 14번 염색체의 일부분이 잘려나감으로써 발병하는 희귀 질환이다. 염색체 결손 위치는 환아마다 조금씩 차이가 있다. 다른 염색체 질환과 마찬가지로 지적 장애, 발달 지연, 선천성 심장 질환, 특징적 얼굴 모양 등의 여러 증상이 동시에 나타날 수 있으며 증상의 정도는 개인별로 차이가 있다.

2. 증상

태어났을 때 대부분 근 긴장도가 떨어져 있고 잘 먹지 못하는 모습을 보인다. 일부 환자에게는 비위관 또는 위루관을 통하여 식이를 진행해야 하기도 한다. 또한 이에 따른 흡인도 자주 발생할 수 있다.

사시나 눈꺼풀 처짐 등의 증상을 보이기도 하고 측만증이나 청력 장애 등도 보고되고 있다. 폐동맥협착, 심실중격결손 등의 선천성 심장 기형을 동반한 경우도 있고 폐렴과 같은 호흡기 감염에 자주 걸리는 경우도 있다.

이 밖에 신장 요로계 기형, 회음부 탈장, 뇌전증, 수면 장애 등도 발생할 수 있다. 대부분 운동 및 언어 발달 지연, 근 긴장도 저하를 보이며 그 정도는 개인에 따라 많은 차이가 있다. 다양한 수준의 지적 장애를 가지고 있을 수 있다.

▶ 14번 염색체 장완 24.2-31.1 일부분이 잘려나감으로써 유전 정보가 부족하게 되고 이에 따라 여러 증상이 발생하게 된다. 염색체는 우리 몸의 성장, 발달, 기능을 결정하고 조절하는 유전 정보를 담고 있는 구조물이다. 염색체의 단완이나 장완으로부터 일부분이 파열되어 소실되는 현상을 결손(deletion)이라고 한다. 결손이 일어날 경우, 결손이 일어난 부위에 해당하는 유전 정보가 소실되어 우리 몸의 성장과 발달, 기능에 결함을 초래한다. 결손된 부위나 위치는 개인마다 조금씩 차이가 있고 증상은 다르게 나타날 수 있다. 하지만 어떤 특정 유전자가 특정 증상을 유발하는지는 아직 명확히 밝혀지지 않았다.

3. 치료

여러 장기에서 다양한 소견이 관찰될 수 있으므로 이 질환이 진단된 환자들에 대해서는 전신에 대한 문진 및 검진이 필요하다. 근 긴장도 저하에 따라 수유에 어려움은 없는지, 경기는 없는지 등 다분과적인 팀 접근법을 통해 다양한 전문가들에게서 지속적인 경과 관찰이 요구된다. 만약 부모에게서 모두 정상 염색체를 받았다면 해당 질환이 재발할 가능성은 거의 없다(참고 문헌 및 참고 사이트: Bibliography & Site).

4. 회복운동

위의 자료에서 알 수 있듯이 뚜렷한 회복 방법은 없다. 염색체 14번 문제 아이의 회복운동을 처음 해보면 회복을 기대할 수 있는 회복운동에서 볼 수 있는 반응을 바로 알 수 있는데, 소통이 어려워 회복운동을 쉽게 할 수 없다는 것이 단점이다.

염색체 14번 장애아의 여러 가지 장애와 위 식도 역류가 심하여 위를 묶어놓아 위루관을 통하여 식이를 1시간 간격으로 하고 있고 서고 걷기는 하는데 발목 인대 수축 등의 문제로 몸 지탱과 방향 전환이 원활하지 않다. 인지 능력이 떨어지고 표현 방법이 부족하지만 회복운동을 계속 할 수만 있다면 많은 부분 회복을 기대할 수 있다.

회복 사례
- 오른발 회복운동 후 당김은 정확한 표현이 불분명하지만 위 부분이 아프다고 한다. 아마 위를 묶어놓은 것을 뇌가 인지하고 있어서 그런 듯하다.
- 왼발 회복운동 후 허벅지 부분의 당김이 인지되어 표현한다.
- 회복운동을 진행하며 회복 변화를 관찰하고 평가하면서 세부 심화 회복 단계로 회복운동 방법을 진행하면 좋은 임상 변화로 회

복을 기대하게 된다. 하지만 입원을 해야 하기에 계속 진행할 수 없어 아쉽다.

소아마비

1. 개요

소아마비의 발생률은 현재 0%이다. 그렇기에 소아마비 장애인들의 문제이기에 의료적인 원인, 증상, 치료에 대한 기술은 생략했다. 소아마비도 중증과 경증으로 나뉘는데 보조기와 크러치 등을 사용해 생활에 적응하며 살아간다. 소아마비 환자들은 나이 들고 서고 걷는 동안 생활 동작의 압박 등 척추 문제가 발생하면 어느 날 주저앉게 되는데 대부분 심한 통증을 느끼며 수술까지 하게 된다. 이런 상태로 진행되지 않도록 예방하기 위해 꼭 필요한 것이 바로 회복운동이다.

2. 현상

소아마비는 양쪽 모두나 한쪽 발의 뼈와 근력들이 왜소하고 기능

역시 차이가 난다. 이것을 마음과 뇌도 알아 온전한 발에 무게중심을 싣고 그 발로 오랫동안 움직인 결과로 통증이 생기며 척추 등에 문제가 발생한다.

오랫동안 온전한 쪽 다리를 과도하게 사용하여 피곤해졌는데도 힘이 부족한 발의 사용은 기피하여 발목 경직과 변형으로 기능에 심각한 불균형이 발생한다. 그러면 무릎과 고관절, 척추에 문제가 생기고 통증이 유발되며, 급기야 일어서지 못하고 주저앉게 된다.

3. 회복

발목 수축으로 뼈가 휘고 근육이 뒤틀린 상태에서 중심을 잡고 활동하기 위해서 서고 걷는 기능을 하는 부위가 아닌 부위들을 사용하게 되어 증세를 더 악화시킨다.

나쁜 자세로 지내는 기간이 소성점을 넘어서면 압력을 받아온 다리 관절과 근육과 뼈들이 힘을 소진해 척추와 어깨 부위가 무너지거나 깨지게 된다.

회복 방법

소아마비가 사라지기 전 태어난 분들은 4~50대가 넘은 세대로 노화되면서 기능은 현저히 떨어져 스스로 생활하는 걸 어려워한다. 척추 문제로 회복운동 후 반응은 여러 가지로 나타나는데 회복 임상으로 회복을 알 수 있다.

소아마비 장애인이 어느 날 서고 걷지 못하고 심한 통증을 느끼며, 엉덩이로 밀고 다니는 척추 전방전위증 등으로 요추 문제까지 발생된 실제 사례를 소개한다. 이는 대다수의 소아마비 장애인이 나이 들어 겪게 되는 증세다.

- 처음 회복운동은 편안함과 시원함은 전혀 없고 오금 부위만 아프다고 할 정도로 수축이 심하다. 발목 인대 부분은 오랜 시간 사용을 하지 않아 경직이 심하다. 발목 수축으로 오금 부위에만 당김이 아닌 통증으로 느껴질 만큼 수축되어 요추 문제로 통증을 동반한 채 주저앉았다.
- 회복운동 시작부터 뇌의 나쁜 데이터가 넘쳐 두 다리 모두 힘을 빼라고 하면 더 경직을 보이며 자신의 마음대로 통제가 불가능할 정도다.
- 더 큰 문제는 두 다리 모두 다리 올리기 동작이 1~2도 드는데도 근력 수축으로 통증이 심해 올리지 못했다.
- 회복운동 횟수가 증가하면서 발목 각도가 정상으로 돌아오고 당김과 시원함을 되찾았다.
- 회복되면서 당김과 시원함이 발목은 아킬레스건이 당기고 발을 들어 올리면 허벅지 뒤가 당기며 시원함으로 자리 잡았다.
- 문제의 요추 전방전위로 밀려나온 것이 제자리로 회복되기 시작했다.
- 발목 밀기 동작을 하면 발목에 락을 걸어오고 발가락 떨림이 있으나 반복하면 사라지는 것을 알 수 있다.
- 다리 들어올리기 동작을 하면 다리를 높이 들수록 척추의 문제가 있는 높이에 다다르면 발목 힘줄 경직과 떨림과 발가락 움직임으로 상태를 알 수 있게 되는데 회복운동 동작을 반복하면 심했던

통증과 힘줄 경직, 발가락 떨림도 사라진다.
- 앉아서 두 무릎과 두 발을 붙이지 못하던 것도 붙여서 올릴 수 있게 된다.
- 두 다리로 서면 왼 다리가 짧아 허리는 굽어지고 앞으로 넘어졌던 문제도 좋아졌다.
- 두 다리로 서서 뒤꿈치는 붙이고 발은 자연스럽게 벌리고 뒤꿈치로만 서기가 길이 차이로 완벽할 수 없지만 회복에 도움이 되는데 중심은 잡았다.
- 기본 회복운동과 세부 심화 회복운동으로 횟수를 늘리면 예전 상태로 회복되었다.

※ 회복운동으로 6일 후 예전과 같아졌으나 안착할 때까지 10회 이상 회복운동을 더 해줘야 한다. 안착되지 않은 상태에서 일상생활을 하면 다시 무너진다.

하지정맥류

1. 개요

하지정맥류는 정맥벽이 약해지고 판막이 손상되며 심장으로 가는 혈액이 역류하면서 부종, 저림, 쥐 내림, 통증, 수족 냉증, 쉬 피곤함 등으로 나타나는 질환이라고 알려졌다. 진행되면 여러 합병증이 발생할 수 있다. 북미와 유럽에서 시행된 연구들에 따르면 전체 인구의 2% 정도, 성인의 경우는 30~60% 정도가 하지정맥류로 통상 나이 많은 남자보다는 여자에게 많이 발생하고 체중이 많이 나갈수록 하지정맥류 발생 빈도가 높다. 우리나라의 경우에는 아직 정확한 보고가 없다.

의료적 정의와 다른 혈액을 심장으로 되돌리는 동력이 발가락에 있다는 것을 회복운동 임상 결과로 알 수 있어 시급한 정립이 요구된다.

2. 새롭게 알게 된 원인

인체는 심장 펌프질에 중력 가속도까지 더하여 발가락 끝까지 혈액을 보내야 괴사하지 않고 제 기능을 할 수 있다. 내려간 혈액을 높은 심장까지 되돌리기 위해서는 막대한 동력 없이는 올릴 수 없다는 것은 과학의 기본이다.

의학적으로 여러 원인의 영향일 수 있으나 혈액을 올리는 동력은 발가락임을 임상으로 알게 된다. 발가락을 땅에 짚을 때 발가락 신경이 둔감하면 뇌는 발가락에 에너지를 주지 않는다. 동력이 부족해지면 혈류가 역류하고 정체 시간이 늘어날수록 혈관이 팽창하는데, 이때 혈관 저장을 늘리는 작용이 하지정맥류 발생으로 이어진다는 것이다.

3. 일반적인 증상을 느끼고 보는 것으로도 알 수 있는 증상

다리가 당기고 저리다. 발이 무겁다. 발이 시리고 차갑다. 벌레가 기어 다니는 것 같다. 쥐가 나고 다리가 무겁다. 핏줄이 울퉁불퉁 튀어나왔다. 다리가 쉽게 붓는다. 발바닥이 아프다. 다리가 뜨겁다. 정맥 혈액 역류로 정맥 혈관이 굵어지고 울퉁불퉁 뒤틀리며 꼬인 상태로 튀어나와 보인다. 피부가 갈라진다.

또한 부종이나 저림, 통증 등의 증상이 심해도 겉보기에는 멀쩡한 '잠복성 하지정맥류'의 경우도 많다. 대부분 비전문가인 우리는 의학적 증상보다 직접 보고 느낄 수 있는 증상이 더 현실적이다.

4. 진단

하지정맥류는 하지의 표재 정맥이 비정상적으로 부풀고 꼬불꼬불해져 서 있는 상태에서 증상을 육안으로 쉽게 진단할 수 있다. 의학적인 진단과 회복운동과의 비교 실험으로 복잡한 진단에 대한 검증이 필요하다.

5. 새로운 회복 방법

의료적 치료 방법과 다른 회복운동은 회복되는 결과는 반복 횟수에 따라 바로 알 수 있다. 기본 회복운동과 세부 회복운동으로 대부분 증상이 작아지거나 사라지는 것을 알 수 있다.

19

암

1. 개요

암은 현재 사망 원인 1위를 굳건히 지키고 있다. 만약 암이라고 진단을 받으면 마음에 큰 절망감이 든다. 암 치료는 수술과 약물, 방사선 치료가 주가 된다. 최근에는 암세포만 죽이는 중성자 기기가 개발됐다고 하는데 매우 고가라서 쉽게 사용하기는 어렵다.

치료 대체 방법으로 물과 공기가 좋고 약초가 많이 나는 산으로 들어가 자연 치유를 하기도 하고 민간요법에 매달리기도 한다. 맨발 걷기로 암과 뇌졸중 후유증이 회복되면 기적이라고 하는데, 논리적으로 증명이 어려운 부분이다. 그중 하나의 이유를 찾자면, 뇌 시냅스를 자극하는 키가 발목 인대에 있는데 발목 인대와 발바닥, 발가락의 거리가 가까워서 간접적인 영향을 주는 것이 아닌가 싶다.

몸의 생존을 위한 세포 중 암의 원인 세포도 필요하다. 암의 원인

세포는 나름 제 역할을 하고 있다가 건강이 나빠지거나 스트레스가 쌓일 때, 오염된 환경에 노출되거나 나쁜 식습관 등으로 면역력이 떨어지면 정상 세포보다 우위에 서면서 정상 세포를 공격한다.

인간 신체의 모든 시스템 운용과 방어 기제 및 회복은 뇌와 장과 관련이 있다고 밝혀지고 있다. 얼마나 빨리 회복 방법을 찾는지가 관건이지 불치병이란 말도 임시적이다.

맨발 걷기와 달리기, 발과 관련한 마사지 등의 여러 방법이 건강에 좋은 이유는 시냅스를 통해 몸의 문제를 전달하여 해당 뇌가 인지하면 잘못된 부분을 바로잡기 때문이다.

움직일 수 없는 분들이나 걷거나 뛸 수 없는 분들에게는 회복운동이 걷고 뛰는 운동을 대신하는 회복 방법이 된다. 맨발 걷기도 자극되는 부위가 발목 인대 스위치와 제일 가까워 소뇌 시냅스를 얼마간 자극하기에 회복되는 것으로 추측한다.

2. 회복운동과 암

기본 회복운동을 시작으로 세부 회복운동과 세부 심화 회복운동을 번갈아가며 하게 되면 뇌세포는 바로잡기 위해 일을 시작한다(3장 4절 '몸을 운용하는 뇌와 장내 미생물 유전체'를 참고하라).

- 통상 암 환자에게 회복운동을 시작하면 수술 부위가 화끈거리거나 열이 나거나 당기거나 조인다고 표현한다. 몇 번 반복하면 공통으로 시원하다고 한다. 표현도 여러 가지로 하지만 결국 편하고 시원하다로 끝난다.

- 회복운동은 발목 밀기와 발 들어올리기의 간단한 동작인데 회복으로 볼 수 있는 회복 반응이 빠르다.
- 소뇌 시냅스로 뇌 학습을 위한 회복 방법이 희망이 되기를 바란다.

루게릭병(근위축성 측색경화증)

1. 정의

근위축성 측색경화증(Amyotrophic lateral sclerosis, ALS)은 퇴행성 신경질환으로, 원인이 정확히 밝혀지지 않은 희귀 질환이다. 대뇌 및 척수의 운동신경원이 선택적으로 파괴되기 때문에 '운동신경원 질환'이라고 하며, 일명 '루게릭병'이라고도 한다.

루게릭은 2,130경기 연속 출장 기록을 보유한 야구 선수로, 근위축성 측색경화증 진단을 받은 뒤 2년 만에 사망하였다. 루게릭병은 그의 이름을 따온 것이다.

2. 원인

근위축성 측색경화증(루게릭병)의 원인은 정확히 밝혀지지 않았고 다만 바이러스, 대사성, 감염성, 환경오염으로 인한 중금속 축적, 면역성, 특별한 생활 사건이 발병 원인일 것으로 추정하고 있다. 극히 드물게 부모로부터 유전되는 경우도 있다.

3. 증상

근위축성 측색경화증은 사지의 근력 약화와 근 위축, 사지 마비, 언어 장애, 호흡 기능의 저하로 인해 수년 내에 사망하는 만성퇴행성 질환으로 초기에는 증상이 매우 미미하여 간과할 수 있다. 점차 팔과 다리에 경련이 발생하거나 힘이 빠져 자주 넘어지며, 목소리가 잘 나오지 않아 의사소통이 어려워지고 말기에는 삼킴 기능 장애로 인해 음식을 삼키지 못하여 쉽게 사레가 들고 호흡 곤란이 발생한다. 원칙적으로 근위축성 측색경화증은 운동신경 세포만 손상되는 질환이기 때문에 감각 장애, 방광 기능 장애, 지적 기능 장애는 거의 나타나지 않는다.

4. 진단

근위축성 측색경화증(루게릭병)을 확진하기 위한 특정 검사는 없다. 전기생리학적 검사, 조직병리학적 검사를 시행하며, 비슷한 질환을 배제하기 위해 뇌척수액 검사, 근조직 검사, X-ray 및 MRI, 근전도 검사 등을 시행한다.

5. 치료

현재 근위축성 측색경화증을 완치하는 특정 치료 방법은 없다. 근력 약화 방지, 영양요법, 통증 관리, 호흡 재활, 언어 재활, 약물 치료 등과 같은 다방면의 대증적 요법을 시행한다. 병의 진행을 낮추기 위한 목적으로 리루텍정(Riluzole)이라는 약을 사용하기도 한다.

6. 경과

초기 증상은 손과 팔의 힘이 떨어지는 경우와 어눌한 말투, 삼킴 곤란이 나타나는 경우로 나뉜다. 후자의 경우 일반적으로 병의 진행이 빠르다고 알려져 있다. 하지만 어떤 경우든 병이 진행되면 양쪽 증상이 모두 나타나며 전신 근육이 움직여지지 않으므로 침대에 누워서 지내야 한다. 근위축성 측색경화증 환자의 약 50%가 3~4년 이내에 사망한다(서울아산병원 의료자료 참조).

7. 회복운동

아직은 희귀 질환으로 치료 방법이 없어 어려움이 크다. 회복운동은 소뇌 시냅스 스위치를 켜고 뇌가 새롭게 학습하여 회복시키는 여러 회복 임상 결과로 볼 때 지연이나 회복 방법 중 하나로 본다.

회복 방법은 기본 회복운동과 세부 회복운동, 세부 심화 회복운동과 같다.

맺음말

누구나 오래오래 건강하고 행복하게 살기를 바라고 그것을 실현하기 위해 애쓴다. 하지만 삶의 풍파에 휩쓸리다 보면 스스로 삶을 포기하는 일이 비일비재하다.

현대에는 의학과 과학의 급속한 발전에 힘입어 갖가지 질병의 완치를 향해 끊임없이 도전하고 있다. 하지만 아직도 치료 방법을 찾지 못한 불치병이 적지 않다. 그중 인간의 뇌를 고쳐 회복시키는 것은 아직 불가능하며 이를 해결하려고 의·과학의 갖은 방법으로 노력하고 있다.

그 노력으로 게놈을 이용한 치료법이 연구 중이다. 유전자(gene)와 염색체(chromosome)에는 핵 속에 부모로부터 물려받은 유전 정보를 가진 DNA(핵산)가 있다. 그 전체 설계도를 '게놈'이라 한다. 이 DNA 중에 1개 염색체만 상실되어도 중대한 영향을 받아 생명을 빼앗기거나 심한 장애를 겪게 된다.

줄기세포 치료 방법 등 여러 새로운 연구를 하는 이유도 결국 건강하고 행복한 삶을 살아가기 위한 것이다. 하지만 모든 치료에는 부작용도 있기에 그 피해를 막고자 국제적인 기준도 세웠다.

국제 기준의 수술, 약물, 기기 등의 방법 외에도 뇌 시냅스가 뇌를 새롭게 회복시키는 것이 논문으로 증명되었다. 회복운동은 의료 기술이 아니기에 누구나 쉽게 배워 실행할 수 있다. 신이 인간에게 주신 선물이라고 생각이 들 정도다. 하지만 사람들은 회복운동으로 인체가 회복되는 임상을 경험하면서도 회복운동의 실효성을 인정하거나 믿으려고 하지 않는다.

과학 논문으로 세운 가설은 실험 방법과 재료를 동일하게 했을 때 언제나 실험 검증 결과가 똑같이 나온다면 과학적 사실로 인정받는다. 회복운동의 임상 역시 회복 방법을 알고 그대로 실행하면 과학적 사실처럼 분명 회복된다.

물론 회복운동으로 회복되기에 의학이 필요 없다는 것이 아니다. 치료받지 않으면 뇌 손상이 더 진행된다. 썩은 치아는 빼고 부러진 뼈는 수술해야 하며, 눈에 보이지도 않는 세균에 감염됐다면 전문의에게 치료를 받아야 한다.

의학 발전에도 불구하고 치료 불가로 알았던 것들이 회복운동을 통해 치료될 수 있다는 게 증명된 지도 13년째다. 이 책에서는 그중에 쉽게 배워 따라 할 수 있는 방법들을 소개했다. 간단해 보이는 동작이지만 더욱 안전하고 정확히 시행할 수 있도록 표준의 교육과 훈련 체계를 시급히 마련해야 한다.

의·과학은 선입견이나 주관적인 의견이 아닌 객관적인 검증을 거쳤기에 사회적으로 신뢰를 받는다. 하지만 정보의 총아로 불리는 알고리즘 역시 사람이 만든 연구나 경험들로 잘못된 정보나 경험들 때문에 틀릴 수 있다. 알고리즘 역시 인간이 조작하면 거짓을 만들어내기도 하는 것이다. 디지털 정보도 객관적일 수 없듯이 과거에 의·과학적으로 검증된 치료 방법들도 틀릴 수 있는데 이전의 방법보다 새롭고 진전된 것들이 나와도 선뜻 믿으려 하지 않는다.

이 모든 문제가 뇌를 통해 만들어진다는 뇌 생명공학 분야의 논문을 인정하면서도 믿기 어려워하는 것이 인간이다. 인간이 AI 정보를 기초로 만들어내는 정보가 객관적인지 아직 단언할 수 없다. 그러나 불행하게도 회복운동으로 회복되는 게 분명한 사실인데 속이거나 꾸밀 수 없는 너무나 간단한 동작이어서 오히려 믿지 못한다.

각고의 노력과 연구를 통해 정립한 뇌 시냅스 스위치를 통한 회복운동이 지금의 현대 의학이 해결하지 못하는 어려움에 처한 많은 분들의 생명을 보존하고 일상생활로 복귀시키는 것을 인정해야 한다. 객관적인 학문이라면 기본 회복운동으로 시냅스를 자극하면 발 근육의 여기저기에 당김이나 시원함이 돌아다니다 지속하면 본연의 자리를 찾는 이유를 의학과 과학은 대답할 수 있어야 한다. 갈릴레이가 법정을 나오면서 그래도 지구는 돌고 있다고 말한 상황이 지금도 되풀이되고 있는 듯하다.

인체 회복의 비밀을 알게 된 뒤로도 알리고 전하기가 너무 힘든 사회가 되었다. 이것은 각종 질병과 뇌질환과 뇌 손상, 늙어서 서고 걷지 못하고 고생하시다 돌아가시는 분들과 전 인류에게 21세기 들어 하늘이 주신 최대의 선물임은 분명하다. 어려움을 겪거나 떠나는 분들 모두에게 알리지 못해 죄인 아닌 죄인으로 살아가지 않도록 도와주기를 기도한다.

인간의 미래 사회는 인체 회복으로 인한 건강, 의료, 직업, 산업, 경제, 복지 등 전 분야의 변화로 삶의 질뿐 아니라 복지사회 완성에 더욱 가까워질 것이다.

 필자는 30년 넘게 이어지는 통증에 더해 요즈음에는 인지 능력까지 급격히 사라지고 있어 마음이 급하다. 하루바삐 회복운동의 저변화가 이뤄지는 걸 보고 싶다. 그래서 모든 사람이 평생 건강과 노후를 염려하지 않고 여행하고 일하며 즐겁게 살아가는 날이 오기를 소망한다. 엄청난 꿈이지만, 함께 이뤄가기를….

누구에게나 해처럼 달처럼 낮과 밤의 작은 빛이 되어주고 싶은

해처럼달처럼사회복지회 회장

윤봉근

책 출간에 도움을 주신 분들

본회 전문위원
전세일(전 연세대학교 재활병원장), 사재영(인천 새울재활병원 원장), 장영훈(과천 퍼스트정형외과 원장), 오환용(전주 오환용치과 원장), 이청자(한국장애인재활협회 상임고문), 홍원태(㈜성신이엔씨 대표), 윤신근(가축병원 원장), 최의팔(제주 트립티 대표), 윤기종(㈜연대와미래경영 회장), 이창문(늘푸른초장 장애인주·단기센터 대표), 서정남(부원중학교 교사), 김지훈(무지랜드 대표), 소경수(㈜퍼니플러스 대표), 김재규(㈜인애라이프상조 대표), 곽종민(산본 곽종민치과 원장), 이석형(애이블라이프 대표), 박애림(사랑나눔요양센터 원장), 박길화(다온노인전문요양원 원장), 손경헌(공항동교회 목사), 현찬홍(인천 새움교회 목사), 김명식(고양 은혜로교회 목사), 방광민(팔복교회 목사), 정봉규(김천 나눔급식소 목사), 이상용(주님의가족교회 목사)

본회 가족
이태한(경기), 김원종(전북), 윤점순(전북), 김경희(인천), 최세실리아(서울), 박경수(전북), 하경호(서울), 정연숙(전북), 한갑수(인천), 정일삼(경기), 최태진(서울), 이태한(경기), 차철용(경기), 조동식(서울), 김한균(제주), 백영근(광주), 김도곤(부산), 윤용순(전북), 윤영순(전북), 김광희(인천), 권희복(인천), 백영근(광주), 윤지현(서울), 황병수(경기), 서종범(경기), 한충희(서울), 이정창(인천)

본회 지역 회장
임경수(서울특별시 회장), 박진수(부산광역시 회장), 배규현(세종특별자치시 회장), 김재필(인천광역시 회장), 안광열(경기북부 회장), 서 장(경기남부 회장)